# 浙江省房屋建筑和市政基础设施项目工程总承包计价规则

ZHEJIANGSHENG FANGWU JIANZHU HE SHIZHENG JICHU SHESHI XIANGMU GONGCHENG ZONGCHENGBAO JIJIA GUIZE

（2018 版）

中 国 计 划 出 版 社

北 京

**图书在版编目（CIP）数据**

浙江省房屋建筑和市政基础设施项目工程总承包计价规则 : 2018版 / 浙江省建设工程造价管理总站主编. -- 北京 : 中国计划出版社, 2021.12
ISBN 978-7-5182-1370-2

Ⅰ. ①浙… Ⅱ. ①浙… Ⅲ. ①建筑工程－承包工程－工程造价－浙江－2018②市政工程－基础设施建设－承包工程－工程造价－浙江－2018 Ⅳ. ①TU723.3

中国版本图书馆CIP数据核字(2021)第235412号

责任编辑：张　颖　　　　封面设计：韩可斌
责任校对：杨奇志　谭佳艺　　责任印制：李　晨　郝文清

中国计划出版社出版发行
网址：www.jhpress.com
地址：北京市西城区木樨地北里甲11号国宏大厦C座3层
邮政编码：100038　电话：（010）63906433（发行部）
三河富华印刷包装有限公司印刷

880mm×1230mm　1/16　3.75印张　107千字
2021年12月第1版　2021年12月第1次印刷

定价：55.00元

**主编单位：** 浙江省建设工程造价管理总站

**批准部门：** 浙江省住房和城乡建设厅

浙江省发展和改革委员会

浙　江　省　财　政　厅

**施行日期：** 二〇二二年一月一日

# 浙江省房屋建筑和市政基础设施项目工程总承包计价规则（2018版）

**主编单位**：浙江省建设工程造价管理总站

**参编单位**：浙江省公共资源交易中心
浙江省财政项目预算审核中心
杭州市建设工程招标造价服务中心
温州市建筑市场管理总站
台州市建设工程造价事务中心
衢州市建设造价管理站
衢州市政府投资项目评审中心
浙江省建筑设计研究院
中国电建华东勘测设计研究院有限公司
浙江省建工集团有限责任公司
中国工程联合有限公司
浙江大学建筑设计研究院有限公司
建经投资咨询有限公司
浙江浙坤工程管理有限公司
杭州信达投资咨询估价监理有限公司
杭州恒正造价工程师事务所
浙江华是科技股份有限公司
中汇工程咨询有限公司
浙江建安工程项目管理有限公司
中建科工集团有限公司

**主　　编**：季　挺　赵章杉

**副 主 编**：孙　燕　陈俊宇　丁　锋

**参　　编**：田忠玉　蔡临申　李江波　张冰冰　张苏琴　项　震　蒋挺辉　杨瑞鹤
陈雯静　张秀敏　郦其根　刘思含　段　梅　施攀峰　蒋　晔　张　玲
王云峰　李国定　齐国舟　孔宏伟　颜万春　范　荣　林　涛　何利波
吴哲昊　曹　磊　张美娟

**顾　　问**：邓文华　汪亚峰　李仲尧　俞富桥

# 浙江省住房和城乡建设厅　浙江省发展和改革委员会　浙江省财政厅关于颁发《浙江省房屋建筑和市政基础设施项目工程总承包计价规则（2018版）》等两部计价依据的通知

浙建建发〔2021〕58号

各市建委（建设局）、发展改革委、财政局：

为深化建筑业改革，完善我省建设工程计价体系，根据《浙江省建设工程造价管理办法》（浙江省人民政府令第378号）规定，由省建设工程造价管理总站负责组织编制的《浙江省房屋建筑和市政基础设施项目工程总承包计价规则（2018版）》和《浙江省古建筑修缮工程预算定额（2018版）》通过审定，现予以颁发，自2022年1月1日起执行。《浙江省工程总承包计价规则（试行）》同时停止使用。

浙江省住房和城乡建设厅

浙江省发展和改革委员会

浙　江　省　财　政　厅

2021年11月22日

# 目　　录

# 1 总　　则

**1.0.1** 为规范浙江省房屋建筑和市政基础设施项目工程总承包计价行为，促进工程总承包健康发展，根据现行法律、法规、规章及相关规定，结合我省实际，制定本规则。

**1.0.2** 本规则适用于政府投资项目、国有资金控股的房屋建筑和市政基础设施项目工程总承包计价活动，其他投资类型和工程类型的项目可参照执行。

**1.0.3** 工程总承包项目的计价活动应遵循客观、公正、合法、守信的原则，并符合本规则的计价规定、计算程序、标准格式和签字盖章等要求。

**1.0.4** 本规则中的工程总承包项目计价活动是指项目清单、招标控制价和投标报价编制、合同价款的确定和调整、工程价款结算和支付等内容。

**1.0.5** 鼓励发包人委托全过程工程咨询单位提供投资咨询、招标代理、勘察、设计、监理、造价咨询、项目管理等服务。充分发挥全过程工程咨询单位的设计和造价管理能力，协助做好初步设计文件的质量管控及《发包人要求》编写等工作。

**1.0.6** 工程总承包计价活动除应符合本规则规定外，尚应符合我省现行计价依据的相关规定。

# 2 术　　语

**2.0.1**　工程总承包

承包人按照与发包人签订的合同，对工程项目的设计、采购、施工或者设计、施工等阶段实行总承包，并对工程的质量、安全、工期和造价等全面负责的工程建设组织实施方式。

**2.0.2**　项目清单

发包人提供的载明工程总承包工程设计费、建筑安装工程费、设备购置费和工程总承包其他费的名称和相应数量等内容的项目明细。

**2.0.3**　价格清单

承包人按发包人提供的项目清单规定的格式和要求填写并标明价格的报价明细。

**2.0.4**　发包人要求

构成合同文件组成部分的名为《发包人要求》的文件，包括总承包工程项目的目标、范围、设计与其他技术标准的要求，以及合同当事人约定对其所做的修改或补充。

**2.0.5**　合理化建议

为降低合同价格、缩短工期或者提高工程经济效益，承包人按照规定程序向发包人提出改变《发包人要求》的书面建议，包括建议的内容、理由、实施方案以及涉及造价。

**2.0.6**　基准日期

招标工程以投标截止日前28日历天为基准日期，非招标工程以合同签订日前28日历天为基准日期。

**2.0.7**　综合造价指数

按不同专业工程类型，将人工、材料、机械等要素价格指数加权平均，并考虑政策变化的影响，以反映建筑安装工程费变化趋势和程度的相对数指标。

**2.0.8**　要素价格指数

反映建设工程的人工、材料、机械等要素价格水平变动趋势和程度的相对数指标。

# 3 基本规定

## 3.1 一般规定

**3.1.1** 对招标范围、建设规模、建设标准、功能要求等前期条件清晰、建设内容明确、技术方案成熟的项目，原则上在初步设计审批（或核准、备案）完成后进行工程总承包项目发包，并采用总价合同。

**3.1.2** 政府投资项目建设投资原则上不得超过经核定的投资概算，确需增加投资概算的，按照《政府投资条例》和本省相关规定执行。

**3.1.3** 工程总承包项目的招标范围和《发包人要求》应详尽明细，初步设计深度应满足现行设计文件编制深度要求，并符合相关设计规范的规定。

**3.1.4** 发包人应组织设计、工程管理、工程造价等相关专业人员编写《发包人要求》。《发包人要求》应明确规定建设规模、建设标准、功能要求以及检验、试运行等具体要求。对于承包人负责提供的有关设备和服务，在《发包人要求》中应明确需提供的专用工具、质保期内的备品备件，以及技术培训和售后服务等内容。

**1.** 建设规模至少应包含以下内容：

（1）房屋建筑工程包括地上建筑面积、檐高及层数，地下建筑面积及层数、层高等。

（2）市政工程包括道路、桥梁、隧道、管道、河道等工程特征指标，供水、污水、垃圾处理厂的处理能力、工艺指标等。

**2.** 建设标准至少应包含以下内容：

（1）房屋建筑工程包括结构体系，装配式建筑的装配率等技术参数要求（如有）；室内户型及户数、停车位数量或比例；天棚、楼地面、墙面各种装饰面材的材质种类、规格和品牌档次；机电系统包含的类别、机电设备材料的主要参数、指标和品牌档次，各区域末端设备的密度；家具配置数量和标准，以及室外工程、园林绿化的标准。

（2）市政工程包括各种结构层、面层的构造方式、厚度等，各种材质种类、规格和品牌档次，机电系统包含的类别、机电设备材料的主要参数、指标和品牌档次，园林绿化的标准。

## 3.2 工程总承包费用构成

**3.2.1** 工程总承包费用由工程设计费、设备购置费、建筑安装工程费和工程总承包其他费四部分构成，所有费用均为包含税金的全费用。其中，工程总承包其他费包括工程总承包管理费和工程总承包专项费。设备购置费和建筑安装工程费合计为工程费用，是工程总承包管理费的计算基数。

**3.2.2** 工程设计费是指承包人按合同约定完成建设项目工程设计所发生的费用。

**3.2.3** 设备购置费是指承包人用于完成建设项目需要购置或者自制达到固定资产标准的设备费用，包括工程设备费和备品配件费，不包括应列入建筑安装工程费的工程设备的价值，具体应在招标时进行明确。

**3.2.4** 建筑安装工程费是指承包人用于完成建设项目的建筑安装工程施工、交付及质量缺陷保修所需的费用，不包括设备购置费。

**3.2.5** 工程总承包其他费是指承包人在项目设计、材料设备采购、工程施工、项目管理中发生的协调、管理、服务费用，以及为配合项目实施发生的专项费用，包括工程总承包管理费和工程总承包专项费。不含已列入建筑安装工程费中的企业管理费和发包人应当委托并支付的第三方质量检测等费用。

**1.** 工程总承包管理费是指承包人用于支付给工程总承包管理人员的工资、办公费、办公场地租用费、差旅交通费、劳动保护费，以及组织招标、工程咨询、办理竣工验收等其他管理性质的费用。

**2.** 工程总承包专项费是指承包人用于项目建设期为配合项目实施可能发生的专项费用，包括工程保险费、场地准备及临时设施费、BIM技术使用费、管线迁改费、苗木迁移费、联合试运转费、引进技术和引进设备其他费、测绘费、专利及专有技术使用费等费用，根据工程实际按相关规定编列。

（1）工程保险费是指承包人在项目建设期内对建筑工程、安装工程、机电设备和人身安全进行投保而发生的费用，包括建设工程设计责任险、建筑安装工程一切险、人身意外伤害险等，不包括已列入建筑安装工程费中的施工企业的人员、财产、车辆保险费。

（2）场地准备及临时设施费是指承包人为建设项目场地准备和搭设临时设施发生的费用，不包括已列入建筑安装工程费用的施工单位临时设施费。

（3）BIM技术使用费是指承包人通过BIM技术建立工程项目的三维模型，实现工程设计、施工管理、进度管控、运行维护等活动所发生的费用。

（4）管线迁改费是指承包人对工程范围内及周边的给排水、电力、电信、燃气等管线及其附属设施的迁移改动所发生的费用。费用难以预估的，可列暂估价。

（5）苗木迁移费是指承包人为工程范围内的树木搬迁所发生的起挖、运输、栽植、养护等费用。费用难以预估的，可列暂估价。

（6）联合试运转费是指承包人在工程交付前，按照批准的设计文件规定的工程质量标准和技术要求，进行负荷联合运转所发生的费用。

（7）引进技术和引进设备其他费是指承包人用于引进技术和设备发生的未计入设备费的相关费用。

（8）测绘费是指承包人委托具有测绘资格的单位从事测绘活动产生的费用，包括工程测量、基准放样、竣工测绘等工作内容，不包括已列入建筑安装工程费中的工程定位复测费。

（9）专利及专有技术使用费是指承包人在项目建设期内取得专利、专有技术、商标以及特许经营使用权发生的费用。

## 3.3 勘察与设计

**3.3.1** 发包人宜在项目招标前完成地质详勘，并在招标时提供详勘资料。发包人对地勘资料的准确性、完整性承担责任。

**3.3.2** 承包人应按照国家标准规范及《发包人要求》的规定完成工程项目的设计工作，承包人应按双方约定的合同价格进行限额设计。

**3.3.3** 承包人应在进行施工图设计前，就初步设计文件中的建设规模、建设标准、功能和技术要求等内容进行认真复核，如发现初步设计文件不符合设计规范，或者与《发包人要求》有矛盾的，应及时与发包人进行沟通，需调整并构成变更的，按合同中有关约定处理。

**3.3.4** 承包人提供的施工图设计应标明符合招标文件和合同约定的主要材料、设备的规格、型号、性能等技术参数，其质量要求必须符合国家规定的标准。

**3.3.5** 承包人应负责工程设计的组织、协调、进度控制等所有相关设计工作，对所有相关设计文件的正确性、合理性承担责任。

**3.3.6** 发包人对于工程的技术标准、功能要求高于或严于现行国家、行业或地方标准，以及初步设计文件中不允许承包人优化调整的内容，应在《发包人要求》中予以明确；《发包人要求》未明确的，承包人在满足《发包人要求》所列内容，符合设计规范和工程验收标准的条件下可进行优化设计，合同总价不因此调整。承包人应提前将优化方案报送发包人，发包人应在合理时间内回复；未及时回复的，视为认可；发包人否决优化方案的，应给出合理的理由。

**3.3.7** 承包人提出调整《发包人要求》所列内容的合理化建议，需经发包人批准后实施，由此引起的合同价格调整按变更条款有关规定执行。合理化建议降低了合同价格的，对节约部分价款，双方可在专用合同条款中约定按照 30% ~ 50% 的比例由承包人分享，若是降低标准档次的合理化建议，节约的价款双方另行协商确定分成比例。

## 3.4 材料与设备采购

**3.4.1** 除合同另有约定外，工程建设所需材料和设备由承包人负责采购、运输和保管，并承担相应的责任。

**3.4.2** 承包人应按合同约定，将各项材料和设备的供货人及品种、技术要求、规格、数量和供货时间等报送发包人批准。承包人应向发包人提交其负责提供的材料和设备的质量证明文件，并应满足合同约定的质量标准。承包人应按照招标文件、合同约定以及投标文件承诺的品牌、规格选择材料和设备，若需更换，应提前报发包人核准。

**3.4.3** 需发包人委托第三方检测的见证取样和专项检测费用应由发包人承担。

# 4 项目清单、招标控制价和投标报价编制

## 4.1 一 般 规 定

**4.1.1** 工程总承包项目清单和招标控制价应结合项目特点，由具有编制能力的招标人或受其委托具有相应能力的工程造价咨询企业根据本规则编制，并加盖注册造价工程师执业资格专用章。

**4.1.2** 编制与复核项目清单、招标控制价应依据以下内容：

**1.** 本规则。

**2.**《发包人要求》，包括经批准的建设规模、建设标准、功能要求等。

**3.** 初步设计文件和设计概算。

**4.** 招标文件其他相关内容。

**5.** 现行计价依据。

**6.** 与建设项目有关的标准、规范、技术资料及相关规定。

**4.1.3** 发包人公布招标控制价时，应同时公布包含综合单价分析表的招标控制价的费用构成明细及编制期，招标控制价所列数量不视为要求承包人实施的实际或准确的工程量，仅作为投标报价参考。

**4.1.4** 建筑安装工程费各分项概算费用在满足当地基本建设管理要求情况下，可统筹使用。

**4.1.5** 标准（示范）表式中招标控制价编制人和审核人需签字并加盖执业专用章，投标报价编制人和审核人签字盖章不做要求。

## 4.2 招标控制价编制

**4.2.1** 工程总承包项目招标应设置招标控制价作为最高投标限价，招标控制价中的各项费用组成应与招标文件中承包人所需承担的工作内容和范围相一致。

**4.2.2** 招标控制价各项费用的确定，可根据项目实际按以下规定执行：

**1.** 工程设计费：参照2018版《浙江省建设工程其他费用定额》，按相应阶段的标准计取。

**2.** 建筑安装工程费：按2018版《浙江省建设工程计价规则》和本省相应工程概算定额编制，不计取扩大系数。

**3.** 设备购置费：按市场询价计取。费用包括设备原价、运杂费、采购保管费。设备采保费按设备原价的0.2%～0.5%计取。

**4.** 暂估价：具体数量和金额由招标人给定。暂估价总额一般不超过工程费用的5%。

**5.** 暂列金额：具体金额由招标人给定。其中，标化工地和优质工程暂列金额根据我省建设工程计价规则有关规定按要求等级对应费率计算，其余费用根据项目实际设置。暂列金额总额一般不高于工程费用的5%。

**6.** 工程总承包其他费包含工程总承包管理费和工程总承包专项费，可按下列要求计取。

（1）工程总承包管理费：以工程费用为计算基数，按表4.2.2费率差额分档累进计取。

（2）工程总承包专项费：按相关规定或根据项目实际计列。

表 4.2.2 工程总承包管理费费率

| 费用项目 | 工程费用（万元） | 费率（%） |
|---|---|---|
| 工程总承包管理费 | 10 000 以内 | 2.0 |
| | 50 000 以内 | 1.8 |
| | 100 000 以内 | 1.4 |
| | 100 000 以上 | 1.0 |

**4.2.3** 因初步设计无法明确且承包人难以风险包干的部分，可按暂估价计列。依法必须招标的暂估价项目，按合同约定进行招标，不属于必须招标的暂估价项目，应在招标文件和合同中明确计量规则和计价方法。

## 4.3 投标报价文件编制

**4.3.1** 投标人应结合工程实际，按照发包人提供的项目清单进行报价，投标人不得修改项目清单的数量和内容，但可根据工程项目的设计和施工组织方案，通过单独增列清单项目进行调整。

**4.3.2** 投标报价中各项费用应按以下规定进行报价：

**1.** 暂估价：应按项目清单中列出的数量、单价及合价填报，不得调整。

**2.** 暂列金额：应按项目清单中列出的金额填报，不得调整。

**3.** 其余费用均按招标文件中《发包人要求》，以及招标人提供的工程总承包项目清单、设计文件等，并结合工程特点、市场因素及企业自身情况进行填报。

# 5 合同价款的确定和调整

## 5.1 合同风险

**5.1.1** 工程总承包项目发承包，必须在招标文件、合同中明确工程的风险内容、风险范围以及超过风险幅度的调整方法，不得采用无限风险、所有风险或类似表述将应由发包人承担的风险转给承包人。

**5.1.2** 工程总承包项目采用总价合同的，除合同约定可以调整的情形外，合同总价不予调整。合同约定调整的风险主要包括以下内容：

**1.** 主要工程材料、设备、人工价格与合同约定基准日期价格相比，波动幅度超过合同约定幅度的部分；

**2.** 因国家法律法规政策变化引起的合同价格的变化；

**3.** 不可预见的地质条件造成的工程费用和工期的变化；

**4.** 因发包人原因产生的工程费用和工期的变化；

**5.** 不可抗力造成的工程费用和工期的变化。

## 5.2 项目变更

**5.2.1** 工程总承包项目的变更是指根据合同约定，经指示或批准对《发包人要求》或工程所做的改变。因变更导致的工程价款和工期变化，发承包双方应根据合同约定调整。因变更引起的价款调整，应与工程进度款同期支付。

**5.2.2** 因发包人提供的初步设计文件不符合设计规范及相关规定要求而必须修改时，承包人提出书面意见经发包人或工程师确认后，修改导致的费用和工期调整，应按合同中有关约定处理。

## 5.3 合同价款的调整

**5.3.1** 工程总承包项目采用总价合同的，因市场波动引起的人工、材料、机械价格变化采用指数法调整，价差部分仅计税金。调整方式可按以下原则选择：

**1.** 根据造价管理机构发布的房建、市政工程综合造价指数，按合同约定的过程结算节点周期或施工工期算术平均计算，风险幅度可在合同中约定，一般承包人可承担建筑安装工程费 ±1% 以内风险，超过部分予以调整；

**2.** 在合同中约定人工、主要材料、机械等可调因子占建筑安装工程费的权重，采用造价管理机构发布的人工、材料、机械要素价格指数（或根据信息价计算价格指数）进行调整，人工、材料、机械风险幅度可在合同中约定，一般承包人可承担 ±5% 以内风险，超过部分予以调整。

**5.3.2** 因发包人变更建设规模、建设标准、功能类型等《发包人要求》的，应在招标文件中约定合同价款调整方式。一般可按照下列规定调整：

**1.** 设备购置费：通过招标、采购或询价的方式确定，设备购置费应包括设备原价、运杂费和采购保管费。

**2.** 建筑安装工程费：按我省现行计价依据规定或双方合同条款中约定的方法计算。

**3.** 工程总承包其他费：工程总承包管理费根据实际费用变化按相应费率计取，工程总承包专项费按合同约定调整。

**5.3.3** 对于未达到国家规定规模标准且不属于依法必须招标的暂估价材料或设备，应在合同中约定价格签证程序，承包人应按合同约定的程序报发包人询价、复核、签证，并按发包人签证确定的价格调整合同价款。

**5.3.4** 对于依法必须招标的暂估价项目（总承包范围内的专业工程、设备和材料），专用合同条件约定由承包人作为招标人的，招标文件、评标方案、评标结果应报送发包人批准，按中标金额调整合同价款。

# 6 合同价款的结算与支付

**6.0.1** 工程总承包项目合同中各项费用应根据价格清单的费用构成、工程进度安排等合理约定工程预付款、工程进度款的支付比例和支付方法。其中工程设计费、设备购置费、建筑安装工程费等可按以下规定进行支付。

**1.** 工程设计费：通过施工图图审，支付比例不少于50%；完成所有专项设计且通过主体结构验收，支付比例不少于80%；通过竣工验收并完成各项资料备案手续，支付比例不少于95%。

**2.** 设备购置费：按承包人签订的采购合同相应节点和金额进行支付，但采购合同涉及款项支付的相关条款需提前报发包人批准。

**3.** 建筑安装工程费：工程预付款应在不迟于开工通知载明的开工日期7天前支付，支付比例不低于合同约定建筑安装工程费的10%，不高于合同约定建筑安装工程费的30%，对跨年度实施的工程项目，按年度工程计划逐年预付。

发包人应在招标文件或合同中约定拟建工程的资金使用计划表，明确分段支付的节点对应工程造价的权重。发承包双方根据工程进度计划将对应的合同价款分解到月，作为按月支付价款的依据。经审核后的进度款支付申请按月或按节点进行支付，支付比例应不低于已完成工程量的80%，通过竣工验收并完成各项资料备案手续的，支付比例不少于98.5%。发包人应将人工费用及时足额拨付至农民工工资专用账户，承包人应按时足额支付农民工工资。

**4.** 工程总承包其他费：工程总承包管理费随工程费用进度款同期按完成进度款比例支付，工程总承包专项费按照相应事项发生后，在最近一次工程款中进行支付，具体可通过专用合同条款进行约定。

**5.** 安全文明施工费：按工程费用的1.5%提取，资金专户管理，合同工期在一年以内的，预付费用不得低于安全文明施工费总额的50%；合同工期在一年以上的，预付费用不得低于30%，应与建筑安装工程费预付款同时支付，其余部分与进度款同期支付。

**6.** 标化工地增加费、优质工程增加费：视实际获得情况按合同约定支付。

**6.0.2** 发承包双方应加强项目投资的动态管理和监控，发包方支付工程款时，按照资金使用计划并应结合实际完成情况支付，避免超付风险。

**6.0.3** 鼓励工程总承包项目推行施工过程结算，施工过程结算周期可按施工形象进度节点划分，做到与工程进度款支付节点相衔接，及时办理工程变更签证和施工过程结算审核。经双方确认的施工过程结算文件是竣工结算文件的组成部分，对已完成结算部分原则上不再重复审核。

**6.0.4** 对于采用总价合同的工程总承包项目，在工程结算审核（审计）时，固定总价部分不再重新计算工程量和费用，重点审核工程项目的建设规模、标准及所用的主要材料、设备等是否满足《发包人要求》，以及是否符合合同的风险条款约定。

**6.0.5** 暂估价中对采用参建各方共同参与询价或招标方式确定价格的材料、设备、专业工程和专项服务，结算时应将询价结果或招标结果作为结算依据，同时在结算审核时重点审核承包人就该采购或专业分包合同的履约情况。

# 附录A　标准（示范）表式

### 表A.1　工程总承包项目费用汇总表

项目名称：

| 序号 | 项目名称 | 金额（元） | 备注 |
|---|---|---|---|
| 1 | 工程设计费 | | |
| 2 | 设备购置费 | | |
| 3 | 建筑安装工程费 | | |
| 4 | 工程总承包其他费 | | |
| | …… | | |
| | 合计 | | （1+2+3+4） |
| | 其中：暂列金额合计 | | |
| | 暂估价合计 | | |

编制人：　　　　　　　　　　　　　　　　审核人：

### 表A.2　工程总承包项目工程设计费清单及计价表

项目名称：

| 序号 | 项目名称 | 金额（元） | 备注 |
|---|---|---|---|
| 1.1 | 施工图设计费 | | |
| 1.2 | 深化设计费 | | |
| | …… | | |
| | 合计 | | |
| **说明：**根据招标文件，明确由投标人承担的设计工作范围内容，投标人认为需要增加的费用项目可自行添加，并列明该项目的名称及金额。 | | | |

编制人：　　　　　　　　　　　　　　　　审核人：

## 表 A.3 工程总承包项目设备购置费清单及计价表

项目名称:

| 序号 | 项目名称 | 技术参数<br>规格型号 | 单位 | 数量 | 单价<br>(元) | 合价<br>(元) | 备注 |
|---|---|---|---|---|---|---|---|
| 2.1 | 工程设备费 | | | | | | |
| 2.1.1 | (设备名称1) | | | | | | |
| 2.1.2 | (设备名称2) | | | | | | |
| | …… | | | | | | |
| 2.2 | 必备的备品备件 | | | | | | |
| 2.2.1 | (备品备件1) | | | | | | |
| 2.2.2 | (备品备件2) | | | | | | |
| | …… | | | | | | |
| 2.3 | 暂估价 | | | | | | |
| | …… | | | | | | |
| | 合计 | | | | | | |
| **说明:** 招标人应详细列明工程设备的技术参数、规格型号、计量单位、数量,以及所需备品备件的要求。 | | | | | | | |

编制人: 审核人:

## 表 A.4 工程总承包项目建筑安装工程费清单及计价表

项目名称:

| 序号 | 项目名称 | 工程内容 | 单位 | 规模数量 | 价格(元) | 备注 |
|---|---|---|---|---|---|---|
| 3.1 | 建筑安装工程费 | | | | | |
| 3.1.1 | (项目工程1) | | | | | |
| 3.1.2 | (项目工程2) | | | | | |
| | …… | | | | | |
| 3.2 | 暂估价 | | | | | |
| 3.2.1 | (暂估价工程1) | | | | | |
| 3.2.2 | (暂估价工程2) | | | | | |
| | …… | | | | | |
| 3.3 | 暂列金额 | | | | | |
| 3.3.1 | 标化工地增加费 | | | | | |
| 3.3.2 | 优质工程增加费 | | | | | |
| | …… | | | | | |
| | 合计 | | | | | |

编制人: 审核人:

### 表A.5　工程总承包其他费清单及计价表

项目名称：

| 序号 | 项目名称 | 金额（元） | 备注 |
|---|---|---|---|
| 4.1 | 工程总承包管理费 | | |
| 4.2 | 工程总承包专项费 | | |
| 4.2.1 | 工程保险费 | | |
| 4.2.2 | 场地准备及临时设施费 | | |
| 4.2.3 | BIM技术应用费 | | |
| 4.2.4 | 管线迁改费 | | |
| 4.2.5 | 苗木迁移费 | | |
| 4.2.6 | 联合试运转费 | | |
| 4.2.7 | 引进技术和引进设备其他费 | | |
| 4.2.8 | 测绘费 | | |
| 4.2.9 | 专利及专有技术使用费 | | |
| | …… | | |
| | 合计 | | |
| **说明：**根据招标文件约定的工作内容，投标人认为需要增加的费用项可自行添加，并列明该项目的名称及金额。 | | | |

编制人：　　　　　　　　　　　　　　　　审核人：

### 表A.6　工程总承包项目建筑安装工程费项目清单及计价表

工程名称：

| 序号 | 清单项目编码 | 清单项目名称 | 工程内容 | 计量单位 | 工程量 | 金额（元） | | 备注 |
|---|---|---|---|---|---|---|---|---|
| | | | | | | 综合单价 | 合价 | |
| | | | | | | | | |
| | | | | | | | | |
| | | | | | | | | |
| | | | | | | | | |
| | | | | | | | | |
| | | | | | | | | |
| | | | | | | | | |
| | | | | | | | | |

编制人：　　　　　　　　　　　　　　　　审核人：

**表 A.7　工程总承包项目综合单价分析表（招标控制价使用）**

工程名称：

| 序号 | 项目编码（定额编号） | 清单（定额）项目名称 | 计量单位 | 数量 | 综合单价（元） | | | | | | | 合计（元） |
|---|---|---|---|---|---|---|---|---|---|---|---|---|
| | | | | | 人工费 | 材料（设备）费 | 机械费 | 单价综合费用 | 总价综合费用 | 税金 | 小计 | |
| | | | | | | | | | | | | |
| | | | | | | | | | | | | |
| | | | | | | | | | | | | |
| | | | | | | | | | | | | |
| | | | | | | | | | | | | |
| | | | | | | | | | | | | |
| | | | | | | | | | | | | |
| | | | | | | | | | | | | |
| | | | | | | | | | | | | |
| | | | | | | | | | | | | |
| | | | | | | | | | | | | |
| | | | | | | | | | | | | |
| | | | | | | | | | | | | |
| | | | | | | | | | | | | |
| | | | | | | | | | | | | |

编制人：　　　　　　　　　　　　审核人：

# 附录B　房屋建筑项目工程总承包项目清单

## B.1　编制规定

**B.1.1**　工程总承包项目清单应根据附录规定的项目编码、项目名称、计量单位、工程量计算规则、工程内容进行编制。

**B.1.2**　编制工程总承包项目清单出现附录中未包括的项目，编制人应做补充，补充项目清单需附有项目名称、计量单位、工程量计算规则、工程内容。

**B.1.3**　工程总承包清单的项目编码，应采用Z与十一位阿拉伯数字表示，一、二位是项目类别代码，房屋建筑项目代码“01”，市政基础设施项目代码“02”，三、四位是专业工程类别代码，五、六位是分部工程代码，按本清单编码，七、八位是扩大分项工程代码，九至十一位是顺序码，应根据拟建工程项目清单的项目名称和工作内容设置，同一招标工程的项目编码不得有重码。补充项目编码采用ZB与三位阿拉伯数字表示。

**B.1.4**　项目清单的工程内容仅作为参考，需结合拟建工程项目的实际予以描述。

**B.1.5**　现浇、预制混凝土构件的项目清单中包含了模板、脚手架及支架，施工技术措施项目清单不再编列模板、脚手架及支架。

**B.1.6**　安装工程相关套管、凿槽、打洞（孔）、支架制作与安装（不含抗震支架）、除锈刷漆、绝热均应考虑在各相应清单中，不单独列项。

**B.1.7**　计算规则中涉及的建筑面积均按现行国家标准《建筑工程建筑面积计算规范》GB/T 50353计算。

## B.2　建筑与装饰工程（Z0101）

**B.2.1**　建筑与装饰工程相关的项目编码、项目名称、计量单位、计量规则、工程内容见表B.2.1-1~表B.2.1-23。

**表B.2.1-1　土石方工程（Z010101）**

| 项目编码 | 项目名称 | 计量单位 | 计量规则 | 工程内容 |
|---|---|---|---|---|
| Z01010101 | 土石方工程 | $m^2$ | 1. 无地下室的按地上首层建筑面积计算；<br>2. 有地下室的按地下室建筑面积计算 | 包括土石方开挖、石方爆破、运输、回填、余方弃置、渣土消纳处置费等 |
| | …… | | | |

**表B.2.1-2　地基处理（Z010102）**

| 项目编码 | 项目名称 | 计量单位 | 计量规则 | 工程内容 |
|---|---|---|---|---|
| Z01010201 | 地基处理 | $m^2$ | 1. 无地下室的按地上首层建筑面积计算；<br>2. 有地下室的按地下室建筑面积计算 | 包括水泥搅拌桩、旋喷桩、树根桩、松（圆）木桩；基础土质换填、土石方外运、泥浆外运、渣土及泥浆消纳处置费；提高地基承载力，保证地基稳定而采取的全部工程技术措施内容等 |
| | …… | | | |

**表 B. 2. 1–3　围护工程（Z010103）**

| 项目编码 | 项目名称 | 计量单位 | 计量规则 | 工程内容 |
|---|---|---|---|---|
| Z01010301 | 围护工程 | $m^2$ | 按地下室建筑面积计算 | 包括网喷护坡、锚杆（索）、土钉墙、地下连续墙、钻孔灌注桩、SMW 工法桩、水泥搅拌桩、混凝土支撑、冠梁、钢支撑、格构柱、格构柱桩基、桩钢筋笼、钢筋、支撑模板、搅拌桩或旋喷桩涌土或浮浆部分的土石方外运、泥浆外运、渣土及泥浆消纳处置费等 |
| | …… | | | |

**表 B. 2. 1–4　防护工程（Z010104）**

| 项目编码 | 项目名称 | 计量单位 | 计量规则 | 工程内容 |
|---|---|---|---|---|
| Z01010401 | 地下室底板防护 | $m^2$ | 按地下室建筑面积计算 | 包括基层、保护、保温、隔热、防水与密封、桩头防水、表面处理、打样、成品保护等 |
| Z01010402 | 地下室侧墙防护 | $m^2$ | 按地下室建筑面积计算 | 包括基层、保护、保温、隔热、防水与密封、表面处理、打样、成品保护等 |
| Z01010403 | 地下室顶板防护 | $m^2$ | 按地下室建筑面积计算 | 包括基层、保护、保温、隔热、防水与密封、表面处理、打样、成品保护等 |
| | …… | | | |

**表 B. 2. 1–5　桩基工程（Z010105）**

| 项目编码 | 项目名称 | 计量单位 | 计量规则 | 工程内容 |
|---|---|---|---|---|
| Z01010501 | 预制桩 | $m^2$ | 按总建筑面积计算 | 包括工作平台搭拆、桩机竖拆、移位、沉桩、接桩、送桩、桩尖制作与安装、填充、刷防护材料、截桩等 |
| Z01010502 | 灌注桩 | $m^2$ | 按总建筑面积计算 | 包括成孔、扩孔、固壁、钢筋、混凝土、运输、灌注、振捣、养护、桩尖制作与安装、压浆、截桩、土石方外运、泥浆外运、泥浆消纳处置费等 |
| | …… | | | |

**表 B. 2. 1–6　基础工程（Z010106）**

| 项目编码 | 项目名称 | 计量单位 | 计量规则 | 工程内容 |
|---|---|---|---|---|
| Z01010601 | 砌筑基础 | $m^2$ | 按地上首层建筑面积计算 | 包括混凝土垫层、砖、石、砌块基础、砖基础防潮、砖基粉刷等 |
| Z01010602 | 现浇钢筋混凝土基础 | $m^2$ | 1. 无地下室的按地上首层建筑面积计算；<br>2. 有地下室的按地下首层建筑面积计算 | 包括混凝土垫层、带形基础、独立基础、地下室底板、满堂基础、基础梁、设备基础、底板后浇带等的混凝土浇捣；相应模板及支架（撑）的制作与安装，钢筋的制作与安装；砖胎模、预制桩的桩芯灌混凝土、钢管桩内填芯 |
| | …… | | | |

表 B. 2. 1–7 砌筑工程（Z010107）

| 项目编码 | 项目名称 | 计量单位 | 计量规则 | 工程内容 |
| --- | --- | --- | --- | --- |
| Z01010701 | 砌筑墙体 | $m^2$ | 按建筑面积计算 | 包括砖、石、砌块墙体、构造柱、圈过梁、混凝土翻边、压顶、圈过梁模板、翻边模板、压顶模板、砌体钢筋、植筋、二次结构钢筋；排水管（泄水孔）等 |
| | …… | | | |

表 B. 2. 1–8 钢筋混凝土工程（Z010108）

| 项目编码 | 项目名称 | 计量单位 | 计量规则 | 工程内容 |
| --- | --- | --- | --- | --- |
| Z01010801 | 现浇钢筋混凝土主体结构 | $m^2$ | 按建筑面积计算 | 包括矩形柱、圆形柱、异型柱、矩形梁、异型梁、斜梁、弧形梁、直形墙、弧形墙、平板、拱板、薄壳板、栏板、檐沟、挑檐板、阳台、雨篷、斜板、楼梯、墙梁板后浇带、叠合梁板墙柱、后浇混凝土等混凝土浇捣；相应模板及支架（撑）的制作与安装，钢筋制作与安装 |
| | …… | | | |

表 B. 2. 1–9 装配式预制混凝土结构（Z010109）

| 项目编码 | 项目名称 | 计量单位 | 计量规则 | 工程内容 |
| --- | --- | --- | --- | --- |
| Z01010901 | 装配式钢筋混凝土构件 | $m^2$ | 按建筑面积计算 | 包括成品装配式钢筋混凝土构件、运输、安装、吊装、注浆、接缝处理、表面处理、打样、成品保护等 |
| Z01010902 | 装配式隔墙 | $m^2$ | 按建筑面积计算 | 包括轻质隔墙、螺栓、铁件、表面处理、打样、成品保护等 |
| | …… | | | |

表 B. 2. 1–10 金属结构工程（Z010110）

| 项目编码 | 项目名称 | 计量单位 | 计量规则 | 工程内容 |
| --- | --- | --- | --- | --- |
| Z01011001 | 钢结构主体 | $m^2$ | 按建筑面积计算 | 包括成品钢构件、运输、拼装、安装、吊装、探伤、防火、防腐、油漆及连接构造、表面处理、打样、成品保护等 |
| Z01011002 | 钢围护体系 | $m^2$ | 按建筑面积计算 | 包括钢楼承板、钢屋面板、钢墙面板、防火、防腐、油漆等 |
| | …… | | | |

**表 B. 2. 1–11 木结构工程（Z010111）**

| 项目编码 | 项目名称 | 计量单位 | 计量规则 | 工程内容 |
|---|---|---|---|---|
| Z01011101 | 木结构 | $m^2$ | 按建筑面积计算 | 包括木构件、运输、安装、吊装、防火、防潮、防腐、腻子、油漆、连接构造、表面处理、打样、成品保护等 |
| | …… | | | |

**表 B. 2. 1–12 其他构件工程（Z010112）**

| 项目编码 | 项目名称 | 计量单位 | 计量规则 | 工程内容 |
|---|---|---|---|---|
| Z01011201 | 其他构件 | $m^2$ | 按室外面积计算 | 包括散水、排水沟、地沟、台阶、坡道、化粪池、检查井等 |
| | …… | | | |

**表 B. 2. 1–13 门窗工程（Z010113）**

| 项目编码 | 项目名称 | 计量单位 | 计量规则 | 工程内容 |
|---|---|---|---|---|
| Z01011301 | 内门、窗装饰 | $m^2$ | 按建筑面积计算 | 包括实木门、普通木门、木饰面门、移门、感应门、卷闸门、厂库大门、防盗门、玻璃地弹门等及相应的感应装置、五金配件；门窗套及窗台板等 |
| Z01011302 | 外门、窗装饰 | $m^2$ | 按建筑面积计算 | 包括铝合金门窗、塑钢门窗、复合材料门窗；平开、固定、推拉、上下悬金属门窗；普通玻璃、中空玻璃、断桥隔热、低辐射断桥隔热金属门窗；金属防火门窗、金属百叶窗等及相应的五金配件等 |
| Z01011303 | 防火门 | $m^2$ | 按建筑面积计算 | 包括木质防火门、钢质防火门、钢质防火卷闸门、无机防火卷闸门等及相应的电动装置、五金配件等 |
| Z01011304 | 人防门 | $m^2$ | 按人防建筑面积计算 | 包括人防门、防护门；悬摆式防爆波活门、钢结构单扇防护密闭门、钢结构单扇密闭门、钢结构活门槛单扇防护密闭门、临空墙防护密闭封堵板、防护密闭封堵板等及相应的五金配件等 |
| | …… | | | |

**表 B. 2. 1–14 屋面及防水工程（Z010114）**

| 项目编码 | 项目名称 | 计量单位 | 计量规则 | 工程内容 |
|---|---|---|---|---|
| Z01011401 | 瓦屋面 | $m^2$ | 按首层建筑面积计算 | 包括基层、保护层、保温层、隔热层、防水层、排水管（泄水孔）、变形缝、止水带、密封层、瓦、细部构造、表面处理、打样、成品保护等 |
| Z01011402 | 混凝土板屋面 | $m^2$ | 按首层建筑面积计算 | 包括基层、保护层、保温层、隔热层、防水层、排水管（泄水孔）、变形缝、止水带、密封层、面层（或植被）、细部构造、表面处理、打样、成品保护等 |
| | …… | | | |

表 B. 2. 1-15　保温、隔热、防腐工程（Z0101015）

| 项目编码 | 项目名称 | 计量单位 | 计量规则 | 工程内容 |
|---|---|---|---|---|
| Z01011501 | 保温隔热层 | $m^2$ | 按建筑面积计算 | 包括保温砂浆、耐碱网格布、抗裂砂浆、岩棉板、挤塑聚苯板；包括楼地面、墙柱面、天棚面的所有保温 |
| | …… | | | |

表 B. 2. 1-16　楼地面装饰工程（Z010116）

| 项目编码 | 项目名称 | 计量单位 | 计量规则 | 工程内容 |
|---|---|---|---|---|
| Z01011601 | 楼地面装饰 | $m^2$ | 按区域建筑面积计算 | 包括大理石、花岗岩、实木地板、水磨石、块料、复合地板、地毯、橡胶、石塑、防静电地板、地坪涂料等面层；砂浆找平层、素水泥浆、细石混凝土找平层、轻骨料混凝土、碎石等基层；包括楼地面、楼梯的所有装饰 |
| | …… | | | |

表 B. 2. 1-17　墙、柱面与隔断装饰工程（Z010117）

| 项目编码 | 项目名称 | 计量单位 | 计量规则 | 工程内容 |
|---|---|---|---|---|
| Z01011701 | 墙、柱面与隔断装饰 | $m^2$ | 按区域建筑面积计算 | 包括干挂石材、镶贴石材、块料饰面、喷刷涂料、贴壁纸、锦缎软包、木饰面、金属装饰板、造型墙面、玻璃隔断、木隔断等面层；镀锌钢骨架、木龙骨、夹板、隔燃板、砂浆粉刷、贴玻纤网格布、挂钢丝网、素水泥浆、界面剂喷涂等基层 |
| | …… | | | |

表 B. 2. 1-18　幕墙工程（Z010118）

| 项目编码 | 项目名称 | 计量单位 | 计量规则 | 工程内容 |
|---|---|---|---|---|
| Z01011801 | 石材幕墙 | $m^2$ | 按建筑面积计算 | 包括花岗岩板、大理石板、石材线条幕墙平面及弧形等面层；铝合金龙骨、钢龙骨、不锈钢龙骨、幕墙埋件、开放式干挂件、背栓式干挂件等基层 |
| Z01011802 | 金属幕墙 | $m^2$ | 按建筑面积计算 | 包括铝板、内衬铝板、铜板、不锈钢、铝塑板幕墙平面及弧形等面层；铝合金龙骨、钢龙骨、不锈钢龙骨、幕墙埋件等基层；含幕墙及雨篷 |
| Z01011803 | 玻璃幕墙 | $m^2$ | 按建筑面积计算 | 包括全玻璃、全隐框、半隐框、明框玻璃幕墙平面及弧形等面层；铝合金龙骨、钢龙骨、不锈钢龙骨、幕墙埋件、吊挂式挂件、点支式爪件等基层；含幕墙及雨篷 |
| | …… | | | |

**表 B. 2. 1–19　天棚工程（Z010119）**

| 项目编码 | 项目名称 | 计量单位 | 计量规则 | 工程内容 |
|---|---|---|---|---|
| Z01011901 | 天棚装饰 | $m^2$ | 按区域建筑面积计算 | 包括石膏板平面及复杂造型吊顶、阻燃板平面及复杂造型吊顶、铝板、钢化玻璃、软膜造型吊顶、矿棉板、硅酸钙板、铝合金方板、铝塑板、涂料、裱糊、一般抹灰、批腻子等面层；轻钢龙骨、木龙骨、防火涂料、镀锌钢骨架等基层 |
| | …… | | | |

**表 B. 2. 1–20　其他装饰工程（Z010120）**

| 项目编码 | 项目名称 | 计量单位 | 计量规则 | 工程内容 |
|---|---|---|---|---|
| Z01012001 | 其他装饰 | $m^2$ | 按区域建筑面积计算 | 包括服务台、吊柜、衣柜、资料柜、背景柜等石材台面木饰面柜；金属装饰线、实木装饰线、石材装饰线、石膏装饰线、GRC 线条；扶手、栏杆、栏板、靠墙扶手装饰等 |
| | …… | | | |

**表 B. 2. 1–21　拆除工程（Z010121）**

| 项目编码 | 项目名称 | 计量单位 | 计量规则 | 工程内容 |
|---|---|---|---|---|
| Z01012101 | 原有建筑物拆除 | $m^2$ | 按建筑面积计算 | 包括砖石、混凝土、钢筋混凝土基础拆除；砌体、预制钢筋混凝土构件、现浇钢筋混凝土构件拆除；地面饰面、墙面饰面、天棚饰面、门窗、栏杆扶手拆除；油漆、涂料、裱糊面铲除；建筑垃圾场内、外运输等 |
| | …… | | | |

**表 B. 2. 1–22　总图工程（Z010122）**

| 项目编码 | 项目名称 | 计量单位 | 计量规则 | 工程内容 |
|---|---|---|---|---|
| Z01012201 | 室外道路及铺装 | $m^2$ | 按室外面积计算 | 包括室外土石方、路基处理、道路面层、侧石、园路、铺装等 |
| Z01012202 | 景观绿化 | $m^2$ | 按室外面积计算 | 包括绿地平整、种植土、景观、小品等 |
| Z01012203 | 交通标识标牌 | $m^2$ | 按总建筑面积计算 | 包括交通标识、交通标牌等 |
| | …… | | | |

**表 B.2.1-23　建筑与装饰工程施工技术措施（Z010123）**

| 项目编码 | 项目名称 | 计量单位 | 计量规则 | 工程内容 |
|---|---|---|---|---|
| Z01012301 | 脚手架及垂直运输 | $m^2$ | 按建筑面积计算 | 1. 脚手架包括综合脚手架、内外墙脚手架、满堂脚手架、电梯井脚手架、网架安装脚手架、防护脚手架等；<br>2. 建筑物垂直运输、地下室垂直运输等 |
| Z01012302 | 高危支撑架 | 项 | 按项计算 | 包括平整场地、钢支架、钢管架搭、拆；材料运输堆放全过程等高危支撑架 |
| Z01012303 | 超高施工增加 | 项 | 按项计算 | 包括建筑物超高人工降效，建筑物超高机械降效，建筑物超高加压水泵台班及其他费用等 |
| Z01012304 | 大型机械设备进出场及安拆 | 项 | 按项计算 | 1. 安拆费包括施工机械、设备在现场进行安装拆卸所需人工、材料、机械和试运转费用以及机械辅助设施的折旧、搭设、拆除等费用；<br>2. 进出场费包括施工机械、设备整体或分体自停放地点运至施工现场或由一施工地点运至另一施工地点所发生的运输、装卸、辅助材料等费用 |
| Z01012305 | 排水、降水 | 项 | 按项计算 | 包括轻型井点安、拆及使用，喷射井点安、拆及使用，真空深井降水安、拆及使用，直流深井降水安、拆及使用，湿土排水等 |
| Z01012306 | 非夜间照明费 | 项 | 按项计算 | 包括为保证工程施工正常进行，施工时所采用的照明设备的安拆、维护及照明用电等 |
| | …… | | | |

## B.3　安装工程（Z0102）

**B.3.1**　安装工程相关的项目编码、项目名称、计量单位、计量规则、工程内容见表 B.3.1-1~表 B.3.1-8。

**表 B.3.1-1　电气设备安装工程（Z010201）**

| 项目编码 | 项目名称 | 计量单位 | 计量规则 | 工程内容 |
|---|---|---|---|---|
| Z01020101 | 变配电系统 | kV·A | 按变配电总用电负荷计算 | 1. 设备安装及调试；<br>2. 高压进线电缆及变配电设备之间连接线缆（母线、母线槽）、桥架敷设；<br>3. 配电智能设备安装、调试；<br>4. 变配电附属设施安装；<br>5. 系统调试 |
| Z01020102 | 动力系统 | $m^2$ | 按建筑面积计算 | 1. 动力配电箱（柜）、控制箱（柜）等电力配电装置安装及调试；<br>2. 母线槽及其始端箱、分线箱安装、桥架（线槽）安装；<br>3. 电缆及其保护管、附属设施安装；<br>4. 电力配电线路安装 |
| Z01020103 | 照明系统 | $m^2$ | 按建筑面积计算 | 1. 照明配电箱（柜）、智能照明设备安装及调试；<br>2. 照明配电线路安装；<br>3. 灯具安装；<br>4. 安全变压器、吊风扇、壁扇安装；<br>5. 太阳光导入照明系统安装 |

**续表 B. 3. 1–1**

| 项目编码 | 项目名称 | 计量单位 | 计量规则 | 工程内容 |
|---|---|---|---|---|
| Z01020104 | 防雷接地系统 | $m^2$ | 按建筑面积计算 | 1. 避雷网、避雷针制作与安装；<br>2. 避雷引下线、均压环敷设；<br>3. 接地极（板）制作与安装；<br>4. 接地母线敷设、接地跨接线安装；<br>5. 设备防雷装置安装；<br>6. 桩承台接地；<br>7. 等电位联结、端子箱安装；<br>8. 接地装置试验 |
| Z01020105 | 光伏发电系统 | $m^2$ | 按建筑面积计算 | 1. 设备安装及调试；<br>2. 配管及线缆敷设；<br>3. 系统调试 |
| Z01020106 | 景观电气系统 | $m^2$ | 1. 按建筑面积计算；<br>2. 按室外面积计算 | 1. 景观配电箱安装；<br>2. 开关电源、灯具安装；<br>3. 桥架（线槽）、管缆安装；<br>4. 楼宇亮化配电线路及控制线路敷设；<br>5. 接地母线安装；<br>6. 土方开挖、垫层、回填、余土外运 |

**注：** 1. 电力配电线路安装指配电总箱（柜）或母线槽插接箱后配电设备电力线路的安装。

2. 照明配电线路安装指建筑物室内照明装置安装及管线敷设，内容包括照明系统（含应急照明系统）配电箱后的配管、配线、接线盒、开关、开关盒、插座、插座盒安装。

**表 B. 3. 1–2 建筑智能化工程（Z010202）**

| 项目编码 | 项目名称 | 计量单位 | 计量规则 | 工程内容 |
|---|---|---|---|---|
| Z01020201 | 综合布线系统 | 1. 点<br>2. $m^2$ | 1. 以点计量，按信息点数量计算；<br>2. 以平方米计量，按建筑面积计算 | 1. 垂直干线安装、机柜（箱）安装；<br>2. 配线架、理线架、跳线安装；<br>3. 信息点模块、面板安装；<br>4. 双绞线（光纤）布放、配管、桥架安装；<br>5. 光缆终端盒、光纤连接盘安装；<br>6. 信息点测试 |
| Z01020202 | 信息网络系统 | $m^2$ | 按建筑面积计算 | 1. 设备安装及调试；<br>2. 软件安装及调试；<br>3. 线缆敷设；<br>4. 系统调试及试运行 |
| Z01020203 | 楼宇自控系统 | 1. 点<br>2. $m^2$ | 1. 以点计量，按DDC点位数量计算；<br>2. 以平方米计量，按建筑面积计算 | 1. 设备安装及调试；<br>2. 软件安装及调试；<br>3. 配管、线缆敷设；<br>4. 系统调试及试运行 |
| Z01020204 | 安全防范系统 | $m^2$ | 按建筑面积计算 | 1. 设备安装及调试；<br>2. 软件安装及调试；<br>3. 配管、线缆敷设；<br>4. 系统调试及试运行 |

**续表 B. 3. 1–2**

| 项目编码 | 项目名称 | 计量单位 | 计量规则 | 工程内容 |
| --- | --- | --- | --- | --- |
| Z01020205 | 有线电视系统 | $m^2$ | 按建筑面积计算 | 1. 设备安装及调试；<br>2. 软件安装及调试；<br>3. 配管、线缆敷设；<br>4. 系统调试及试运行 |
| Z01020206 | 公共广播系统 | $m^2$ | 按建筑面积计算 | 1. 设备安装及调试；<br>2. 软件安装及调试；<br>3. 配管、线缆敷设；<br>4. 系统调试及试运行 |
| Z01020207 | 通信系统 | $m^2$ | 按建筑面积计算 | 1. 设备安装及调试；<br>2. 软件安装及调试；<br>3. 配管、线缆敷设；<br>4. 系统调试及试运行 |
| Z01020208 | 会议及扩声系统 | $m^2$ | 按建筑面积计算 | 1. 设备安装及调试；<br>2. 软件安装及调试；<br>3. 配管、线缆敷设；<br>4. 系统调试及试运行 |
| Z01020209 | 智能一卡通管理系统 | $m^2$ | 按建筑面积计算 | 1. 设备安装及调试；<br>2. 软件安装及调试；<br>3. 配管、线缆敷设；<br>4. 系统调试及试运行 |
| Z01020210 | 电源与电子设备防雷接地系统 | $m^2$ | 按建筑面积计算 | 1. 设备安装及调试；<br>2. 软件安装及调试；<br>3. 配管、线缆敷设；<br>4. 系统调试及试运行 |
| Z01020211 | 住宅小区智能化系统 | $m^2$ | 按建筑面积计算 | 1. 设备安装及调试；<br>2. 软件安装及调试；<br>3. 配管、线缆敷设；<br>4. 系统调试及试运行 |
| Z01020212 | 桥架 | $m^2$ | 按建筑面积计算 | 桥架安装 |
| Z01020213 | 机房工程 | $m^2$ | 按机房计算 | 1. 装饰工程；<br>2. 电磁屏蔽；<br>3. 供配电系统安装及调试；<br>4. 照明系统安装及调试；<br>5. UPS 系统安装及调试；<br>6. 防雷接地系统安装及调试；<br>7. 空调系统安装及调试；<br>8. 综合布线系统安装及调试；<br>9. 安全防范系统安装及调试；<br>10. 动力环境监控系统安装及调试；<br>11. KVM 设备安装及调试；<br>12. 机柜安装及调试；<br>13. 桥架安装、配管敷设；<br>14. 配套软件安装及调试 |

**注：**机房工程包括配管配线安装。

表 B. 3. 1–3　通风空调工程（Z010203）

| 项目编码 | 项目名称 | 计量单位 | 计量规则 | 工程内容 |
|---|---|---|---|---|
| Z01020301 | 空调系统 | 1. $m^2$<br>2. kW | 1. 以平方米计量，按建筑面积计算；<br>2. 以千瓦计量，按制冷（制热）量计算 | 1. 设备安装及调试；<br>2. 风管及部件制作、安装；<br>3. 水系统安装、制冷剂管道安装、附件安装；<br>4. 系统调试 |
| Z01020302 | 通风系统 | $m^2$ | 按建筑面积计算 | 1. 设备安装及调试；<br>2. 风管及部件制作、安装；<br>3. 系统调试 |
| Z01020303 | 防排烟系统 | $m^2$ | 按建筑面积计算 | 1. 设备安装及调试；<br>2. 风管及部件制作、安装；<br>3. 系统调试 |

**注**：空调系统包含空调风系统及空调水系统；如有净化空调系统，应明确相应的净化工作内容。

表 B. 3. 1–4　给排水、采暖、燃气工程（Z010204）

| 项目编码 | 项目名称 | 计量单位 | 计量规则 | 工程内容 |
|---|---|---|---|---|
| Z01020401 | 室内给水系统 | $m^2$ | 按建筑面积计算 | 1. 设备及控制装置安装、调试；<br>2. 管道及管件安装、水压试验、消毒冲洗；<br>3. 管道附件安装；<br>4. 卫生器具安装 |
| Z01020402 | 室内排水系统 | $m^2$ | 按建筑面积计算 | 1. 设备及控制装置安装、调试；<br>2. 管道及管件安装、灌水试验、通球试验；<br>3. 阻火圈安装 |
| Z01020403 | 室内雨水系统 | $m^2$ | 按建筑面积计算 | 1. 管道及管件安装、灌水试验、通球试验；<br>2. 雨水斗安装；<br>3. 阻火圈安装 |
| Z01020404 | 室外给水系统 | $m^2$ | 按建筑面积计算 | 1. 设备及控制装置安装、调试；<br>2. 管道、管件及管道附件安装、水压试验、消毒冲洗；<br>3. 管沟开挖、垫层、回填、余土外运；<br>4. 井类砌筑 |
| Z01020405 | 室外排水系统 | $m^2$ | 按建筑面积计算 | 1. 设备及控制装置安装、调试；<br>2. 管道及管件安装、灌水试验、通球试验；<br>3. 管沟开挖、垫层、回填、余土外运；<br>4. 井类砌筑 |
| Z01020406 | 中水系统 | $m^2$ | 按建筑面积计算 | 1. 设备及控制装置安装与调试；<br>2. 管道及管道附件安装 |
| Z01020407 | 供热系统 | 1. $m^2$<br>2. kW | 1. 以平方米计量，按供暖面积计算；<br>2. 以千瓦计量，按制热量计算 | 1. 供暖装置安装与调试；<br>2. 管道及管道附件安装 |

续表 B. 3. 1–4

| 项目编码 | 项目名称 | 计量单位 | 计量规则 | 工程内容 |
| --- | --- | --- | --- | --- |
| Z01020408 | 燃气系统 | 1. $m^2$<br>2. 点 | 1. 以平方米计量，按建筑面积计算；<br>2. 以点计量，按用气点计算 | 1. 设备安装与调试；<br>2. 管道、管件及管道附件安装、管道强度试验、严密性试验、空气吹扫；<br>3. 室外管道碰头；<br>4. 管沟开挖、垫层、回填、余土外运；<br>5. 井类砌筑 |

注：给排水管道附件包括阀门、减压器、疏水器、除污器（过滤器）、补偿器、软接头（软管）、法兰、倒流防止器、水表、热量表、塑料排水管消声器、浮标液面计、浮漂水位标尺等。

表 B. 3. 1–5　消防工程（Z010205）

| 项目编码 | 项目名称 | 计量单位 | 计量规则 | 工程内容 |
| --- | --- | --- | --- | --- |
| Z01020501 | 室内水灭火系统 | $m^2$ | 按建筑面积计算 | 1. 水灭火系统装置安装、调试；<br>2. 管道、管件及管道附件安装、管道吹扫、水压试验；<br>3. 系统调试 |
| Z01020502 | 室外水灭火系统 | $m^2$ | 按建筑面积计算 | 1. 水灭火系统装置安装、调试；<br>2. 管道、管件及管道附件安装、水压试验、水冲洗；<br>3. 管沟开挖、垫层、回填、余土外运；<br>4. 井类砌筑；<br>5. 系统调试 |
| Z01020503 | 气体灭火系统 | $m^2$ | 按设置气体灭火系统的防火分区面积计算 | 1. 设备安装与调试；<br>2. 管道、管件及管道附件安装、管道压力试验、吹扫与清洗；<br>3. 系统调试 |
| Z01020504 | 泡沫灭火系统 | $m^2$ | 按设置泡沫灭火系统的防火分区面积计算 | 1. 设备安装与调试；<br>2. 管道、管件及管道附件安装、管道压力试验、吹扫与清洗；<br>3. 系统调试 |
| Z01020505 | 火灾自动报警系统 | $m^2$ | 按建筑面积计算 | 1. 设备安装及调试；<br>2. 管线（缆）敷设；<br>3. 系统调试 |
| Z01020506 | 防火门监控系统 | $m^2$ | 按建筑面积计算 | 1. 设备安装及调试；<br>2. 管线（缆）敷设；<br>3. 系统调试 |
| Z01020507 | 消防电源监控系统 | $m^2$ | 按建筑面积计算 | 1. 设备安装及调试；<br>2. 管线（缆）敷设；<br>3. 系统调试 |
| Z01020508 | 电气火灾监控系统 | $m^2$ | 按建筑面积计算 | 1. 设备安装及调试；<br>2. 管线（缆）敷设；<br>3. 系统调试 |
| Z01020509 | 余压监控系统 | $m^2$ | 按建筑面积计算 | 1. 设备安装及调试；<br>2. 管线（缆）敷设；<br>3. 系统调试 |

**表 B. 3. 1–6　人防安装工程（Z010206）**

| 项目编码 | 项目名称 | 计量单位 | 计量规则 | 工程内容 |
| --- | --- | --- | --- | --- |
| Z01020601 | 人防安装工程 | $m^2$ | 按人防区域面积计算 | 人防水、电、风系统安装及调试 |

**表 B. 3. 1–7　其他安装工程（Z010207）**

| 项目编码 | 项目名称 | 计量单位 | 计量规则 | 工程内容 |
| --- | --- | --- | --- | --- |
| Z01020701 | 抗震支架 | $m^2$ | 按建筑面积计算 | 抗震支架安装 |
| Z01020702 | 充电桩 | 台 | 按设计数量计算 | 1. 设备安装及调试；<br>2. 管线（缆）敷设 |
| Z01020703 | 机械车位 | 个 | 按设计数量计算 | 1. 设备安装及调试；<br>2. 管线（缆）敷设 |

**表 B. 3. 1–8　安装工程施工技术措施（Z010208）**

| 项目编码 | 项目名称 | 计量单位 | 计量规则 | 工程内容 |
| --- | --- | --- | --- | --- |
| Z01020801 | 脚手架搭拆费 | $m^2$ | 按建筑面积计算 | 施工需要的各种脚手架搭、拆、运输费用及脚手架的摊销（或租赁）费用 |
| Z01020802 | 建筑物超高增加费 | $m^2$ | 按建筑面积计算 | 施工中施工高度超过 6 层或 20m 的人工降效，以及材料垂直运输增加的费用 |
| Z01020803 | 操作高度增加费 | $m^2$ | 按建筑面积计算 | 操作物高度超过定额规定的高度时所发生的人工降效的费用 |
| Z01020804 | 其他安装施工技术措施费 | $m^2$ | 按建筑面积计算 | 根据工程和现场因素必须发生的其他技术措施费用 |

# 附录C　市政项目工程总承包项目清单

## C.1　编 制 规 定

**C.1.1**　项目清单应根据附录规定的项目编码、项目名称、计量单位、计量规则和工程内容进行编制。

**C.1.2**　编制工程总承包清单出现附录中未包括的项目，编制人应做补充，补充项目清单需附有项目名称、计量单位、工程量计算规则、工程内容。

**C.1.3**　工程总承包清单的项目编码，应采用Z与十一位阿拉伯数字表示，一、二位是项目类别代码，房屋建筑项目代码“01”，市政基础设施项目代码“02”，三、四位是专业工程类别代码，五、六位是分部工程代码，按本清单编码，七、八位是扩大分项工程代码，九至十一位是顺序码，应根据拟建工程项目清单的项目名称和工作内容设置，同一招标工程的项目编码不得有重码。补充项目编码采用ZB与三位阿拉伯数字表示。

**C.1.4**　项目清单的工程内容仅作为参考，需结合拟建工程项目的实际予以描述。

**C.1.5**　现浇、预制混凝土构件的项目清单中包含了模板、脚手架及支架，施工技术措施项目清单不再单独编列模板、脚手架及支架。

**C.1.6**　隧道、综合管廊管理用房参考执行房屋建筑项目工程总承包项目清单。

**C.1.7**　水处理工程中的附属建筑物（如综合楼、鼓风机房、门卫房等）参考执行房屋建筑项目工程总承包项目清单。

**C.1.8**　过街地道参考执行隧道工程（Z0203）项目清单。

**C.1.9**　交改道路、交改便桥、临时路灯、临时交通设施、临时智能交通等交通疏解工程参考执行道路及附属工程（Z0201）、桥涵工程（Z0202）项目清单。

**C.1.10**　施工技术措施（Z0208）中的便道、便桥不包括已计入场地准备及临时设施费、安全文明施工费、交通疏解中的便道、便桥。

## C.2　道路及附属工程（Z0201）

**C.2.1**　道路及附属工程相关的项目编码、项目名称、计量单位、计量规则、工程内容如表C.2.1–1~表C.2.1–6所示。

**表C.2.1–1　道路工程（Z020101）**

| 项目编码 | 项目名称 | 计量单位 | 计量规则 | 工程内容 |
|---|---|---|---|---|
| Z02010101 | 土石方工程 | $m^2$ | 以机动车道、非机动车道、人行道表面层面积之和计算，不扣除各种井、侧平石、树池、各种杆件基础所占面积 | 包括土石方开挖、淤泥流沙开挖、石方爆破、装卸、运输、回填、余方弃置、渣土消纳处置费等 |
| Z02010102 | 路基处理 | $m^2$ | 以机动车道、非机动车道、人行道表面层面积之和计算，不扣除各种井、侧平石、树池、各种杆件基础所占面积 | 包括提高地基承载力，保证地基稳定而采取的全部工程技术措施内容，如抛石挤淤、深层水泥搅拌桩等 |

续表 C. 2. 1–1

| 项目编码 | 项目名称 | 计量单位 | 计量规则 | 工程内容 |
|---|---|---|---|---|
| Z02010103 | 机动车道道路基层 | $m^2$ | 以道路机动车道表面层面积计算，不扣除各种井、侧平石、各种杆件基础所占面积 | 包括整形、铺筑、浇筑、碾压、养护等 |
| Z02010104 | 机动车道道路面层 | $m^2$ | 以道路机动车道表面层面积计算，不扣除各种井、侧平石、各种杆件基础所占面积 | 包括铺筑、铺贴、浇筑、碾压、养护、侧平石安砌等 |
| Z02010105 | 非机动车道道路基层 | $m^2$ | 以道路非机动车道表面层面积计算，不扣除各种井、侧平石、各种杆件基础所占面积 | 包括整形、铺筑、浇筑、碾压、养护等 |
| Z02010106 | 非机动车道道路面层 | $m^2$ | 以道路非机动车道表面层面积计算，不扣除各种井、侧平石、各种杆件基础所占面积 | 包括铺筑、铺贴、浇筑、碾压、养护、侧平石安砌等 |
| Z02010107 | 人行道、嵌边石及树池 | $m^2$ | 以道路人行道表面层面积计算，不扣除各种井、侧平石、树池、各种杆件基础所占面积 | 包括基层和面层的铺筑、铺贴、浇筑、碾压、养护、侧平石、嵌边石及树池安砌等 |
| Z02010108 | 路基防护 | $m^2$ | 以机动车道、非机动车道、人行道表面层面积之和计算，不扣除各种井、侧平石、树池、各种杆件基础所占面积 | 包括边坡防护、排水沟、截水沟、消能池、反压护道等 |

注：1. 路基换填、搅拌桩或旋喷桩涌土或浮浆部分的土石方工程计入路基处理；
2. 路基防护中的边坡防护应包括植草护坡、实体护坡、挂网（喷锚）护坡等。

表 C. 2. 1–2　路灯工程（Z020102）

| 项目编码 | 项目名称 | 计量单位 | 计量规则 | 工程内容 |
|---|---|---|---|---|
| Z02010201 | 路灯工程 | $m^2$ | 以机动车道、非机动车道、人行道表面层面积之和计算，不扣除各种井、侧平石、树池、各种杆件基础所占面积 | 包括供配电系统、控制系统、灯具灯杆灯座、管线及附件、防腐、防雷接地、调试、本专业涉及的土石方、砌体和钢筋混凝土工程等 |

**表 C. 2. 1–3　智能交通工程（Z020103）**

| 项目编码 | 项目名称 | 计量单位 | 计量规则 | 工程内容 |
|---|---|---|---|---|
| Z02010301 | 智能交通工程 | $m^2$ | 以机动车道、非机动车道、人行道表面层面积之和计算，不扣除各种井、侧平石、树池、各种杆件基础所占面积 | 包括控制信号系统、监视系统、电子警察系统、管线及附件、防腐、防雷接地、调试、本专业涉及的土石方、砌体和钢筋混凝土工程等 |

**表 C. 2. 1–4　交通管理及附属设施工程（Z020104）**

| 项目编码 | 项目名称 | 计量单位 | 计量规则 | 工程内容 |
|---|---|---|---|---|
| Z02010401 | 交通管理及附属设施工程 | $m^2$ | 以机动车道、非机动车道、人行道表面层面积之和计算，不扣除各种井、侧平石、树池、各种杆件基础所占面积 | 包括标线、标识标牌、护栏、公交车站、本专业涉及的土石方、砌体和钢筋混凝土工程等 |

**表 C. 2. 1–5　道路附属绿化工程（Z020105）**

| 项目编码 | 项目名称 | 计量单位 | 计量规则 | 工程内容 |
|---|---|---|---|---|
| Z02010501 | 路侧绿化带 | $m^2$ | 以路侧绿化带面积计算，不扣除各种井、侧平石、树池、各种杆件基础所占面积 | 包括路侧绿化带、本专业涉及的土石方工程等 |
| Z02010502 | 绿化分隔带 | $m^2$ | 以绿化分隔带面积计算，不扣除各种井、侧平石、树池、各种杆件基础所占面积 | 包括绿化分隔带、本专业涉及的土石方工程等 |
| Z02010503 | 行道树 | $m^2$ | 以道路人行道表面层面积计算，不扣除各种井、侧平石、树池、各种杆件基础所占面积 | 包括行道树（不含树池）、本专业涉及的土石方工程等 |

**表 C. 2. 1–6　拆除工程（Z020106）**

| 项目编码 | 项目名称 | 计量单位 | 计量规则 | 工程内容 |
|---|---|---|---|---|
| Z02010601 | 拆除工程 | $m^2$ | 以机动车道、非机动车道、人行道表面层面积之和计算，不扣除各种井、侧平石、树池、各种杆件基础所占面积 | 包括原有道路、直埋管沟及其他附属工程的拆除，建渣弃置，渣土消纳处置费等 |

## C. 3　桥涵工程（Z0202）

**C. 3. 1**　桥涵工程相关的项目编码、项目名称、计量单位、计量规则、工程内容如表 C. 3. 1–1~表 C. 3. 1–3 所示。

**表 C. 3. 1–1　桥梁工程（Z020201）**

| 项目编码 | 项目名称 | 计量单位 | 计量规则 | 工程内容 |
|---|---|---|---|---|
| Z02020101 | 土石方工程 | $m^2$ | 以桥梁面积计算，桥梁面积为桥梁起止桩号间长度（含台身，不含桥头搭板）乘以桥面结构外边线全宽（含护栏） | 包括土石方开挖、淤泥流沙开挖、石方爆破、装卸、运输、回填、余方弃置、渣土消纳处置费等 |
| Z02020102 | 地基处理 | $m^2$ | 以桥梁面积计算，桥梁面积为桥梁起止桩号间长度（含台身，不含桥头搭板）乘以桥面结构外边线全宽（含护栏） | 包括提高地基承载力，保证地基稳定而采取的全部工程技术措施内容，如抛石挤淤、深层水泥搅拌桩等 |
| Z02020103 | 围护工程 | $m^2$ | 以桥梁面积计算，桥梁面积为桥梁起止桩号间长度（含台身，不含桥头搭板）乘以桥面结构外边线全宽（含护栏） | 包括为保护地下主体结构施工和基坑周边环境的安全，对基坑采用的临时性支挡、加固与保护的工程技术措施，如钢板桩、钻孔灌注桩及止水帷幕等 |
| Z02020104 | 桩基工程 | $m^2$ | 以桥梁面积计算，桥梁面积为桥梁起止桩号间长度（含台身，不含桥头搭板）乘以桥面结构外边线全宽（含护栏） | 包括预制钢筋混凝土桩的桩机竖拆、移位、沉桩、接桩、送桩、桩尖制作与安装、填充、刷防护材料、截桩等；钢管桩的桩机竖拆、移位、沉桩、接桩、送桩、管内取土、填充、刷防护材料、截桩等；灌注桩的钢护筒、成孔、扩孔、固壁、钢筋、声测管、混凝土、运输、灌注、振捣、养护、压浆、凿桩、土石方、泥浆池、泥浆等建渣外运及消纳；桩基平台等 |

**续表 C. 3. 1–1**

| 项目编码 | 项目名称 | 计量单位 | 计量规则 | 工程内容 |
|---|---|---|---|---|
| Z02020105 | 现浇混凝土基础、承台 | $m^2$ | 以桥梁面积计算，桥梁面积为桥梁起止桩号间长度（含台身，不含桥头搭板）乘以桥面结构外边线全宽（含护栏） | 包括现浇混凝土结构的垫层、钢筋、混凝土、防腐、模板、脚手架、钢套箱等 |
| Z02020106 | 现浇混凝土系梁、支撑梁及横梁 | $m^2$ | 以桥梁面积计算，桥梁面积为桥梁起止桩号间长度（含台身，不含桥头搭板）乘以桥面结构外边线全宽（含护栏） | 包括现浇混凝土结构的钢筋、混凝土、防腐、模板、脚手架等 |
| Z02020107 | 现浇混凝土桥梁墩、台身 | $m^2$ | 以桥梁面积计算，桥梁面积为桥梁起止桩号间长度（含台身，不含桥头搭板）乘以桥面结构外边线全宽（含护栏） | 包括现浇混凝土结构的钢筋、混凝土、防腐、模板、脚手架等 |
| Z02020108 | 现浇混凝土盖梁 | $m^2$ | 以桥梁面积计算，桥梁面积为桥梁起止桩号间长度（含台身，不含桥头搭板）乘以桥面结构外边线全宽（含护栏） | 包括现浇混凝土结构的钢筋、混凝土、防腐、模板、脚手架等 |
| Z02020109 | 现浇混凝土梁 | $m^2$ | 以桥梁面积计算，桥梁面积为桥梁起止桩号间长度（含台身，不含桥头搭板）乘以桥面结构外边线全宽（含护栏） | 包括现浇混凝土结构的钢筋、钢绞线、锚具、波纹管、混凝土、防腐、模板、脚手架、支架、临时固结及体系转换等 |
| Z02020110 | 现浇混凝土其他构件 | $m^2$ | 以桥梁面积计算，桥梁面积为桥梁起止桩号间长度（含台身，不含桥头搭板）乘以桥面结构外边线全宽（含护栏） | 包括现浇混凝土结构的钢筋、混凝土、防腐、模板、脚手架等 |

**续表 C. 3. 1–1**

| 项目编码 | 项目名称 | 计量单位 | 计量规则 | 工程内容 |
|---|---|---|---|---|
| Z02020111 | 预制混凝土桥梁墩、台身 | $m^2$ | 以桥梁面积计算，桥梁面积为桥梁起止桩号间长度（含台身，不含桥头搭板）乘以桥面结构外边线全宽（含护栏） | 包括预制混凝土结构的成品预制构件吊装、接头灌缝等 |
| Z02020112 | 预制混凝土盖梁 | $m^2$ | 以桥梁面积计算，桥梁面积为桥梁起止桩号间长度（含台身，不含桥头搭板）乘以桥面结构外边线全宽（含护栏） | 包括预制混凝土结构的成品预制构件吊装、接头灌缝等 |
| Z02020113 | 预制混凝土梁 | $m^2$ | 以桥梁面积计算，桥梁面积为桥梁起止桩号间长度（含台身，不含桥头搭板）乘以桥面结构外边线全宽（含护栏） | 包括预制混凝土结构的成品预制构件吊装、接头灌缝、临时支座及体系转换等 |
| Z02020114 | 预制混凝土其他构件 | $m^2$ | 以桥梁面积计算，桥梁面积为桥梁起止桩号间长度（含台身，不含桥头搭板）乘以桥面结构外边线全宽（含护栏） | 包括预制混凝土结构的成品预制构件吊装、接头灌缝等 |
| Z02020115 | 现浇混凝土拱桥拱座 | $m^2$ | 以桥梁面积计算，桥梁面积为桥梁起止桩号间长度（含台身，不含桥头搭板）乘以桥面结构外边线全宽（含护栏） | 包括现浇混凝土结构的钢筋、混凝土、防腐、模板、脚手架等 |
| Z02020116 | 现浇混凝土拱桥拱肋 | $m^2$ | 以桥梁面积计算，桥梁面积为桥梁起止桩号间长度（含台身，不含桥头搭板）乘以桥面结构外边线全宽（含护栏） | 包括现浇混凝土结构的钢筋、混凝土、防腐、模板、脚手架、支架等 |

**续表 C. 3. 1–1**

| 项目编码 | 项目名称 | 计量单位 | 计量规则 | 工程内容 |
|---|---|---|---|---|
| Z02020117 | 现浇混凝土板拱 | $m^2$ | 以桥梁面积计算，桥梁面积为桥梁起止桩号间长度（含台身，不含桥头搭板）乘以桥面结构外边线全宽（含护栏） | 包括现浇混凝土结构的钢筋、混凝土、防腐、模板、脚手架、支架等 |
| Z02020118 | 现浇混凝土拱上构件 | $m^2$ | 以桥梁面积计算，桥梁面积为桥梁起止桩号间长度（含台身，不含桥头搭板）乘以桥面结构外边线全宽（含护栏） | 包括现浇混凝土结构的钢筋、混凝土、防腐、模板、脚手架、支架等 |
| Z02020119 | 钢梁 | $m^2$ | 以桥梁面积计算，桥梁面积为桥梁起止桩号间长度（含台身，不含桥头搭板）乘以桥面结构外边线全宽（含护栏） | 包括成品钢构件吊装、防护、探伤、临时支撑等 |
| Z02020120 | 钢混凝土叠合梁 | $m^2$ | 以桥梁面积计算，桥梁面积为桥梁起止桩号间长度（含台身，不含桥头搭板）乘以桥面结构外边线全宽（含护栏） | 包括成品钢构件吊装、防护、探伤、临时支撑；现浇混凝土结构的钢筋、钢绞线、锚具、波纹管、混凝土、防腐、模板、脚手架、支架等 |
| Z02020121 | 桥面及附属工程 | $m^2$ | 以桥梁面积计算，桥梁面积为桥梁起止桩号间长度（含台身，不含桥头搭板）乘以桥面结构外边线全宽（含护栏） | 包括桥面铺装（含桥面防水层）、桥梁支座、伸缩缝、桥面排水、隔声屏障、锥坡、防撞护栏、人行道及栏杆、搭板等 |
| Z02020122 | 装饰工程 | $m^2$ | 以桥梁面积计算，桥梁面积为桥梁起止桩号间长度（含台身，不含桥头搭板）乘以桥面结构外边线全宽（含护栏） | 包括桥梁基层处理、桥梁饰面及脚手架等 |

**续表 C. 3. 1–1**

| 项目编码 | 项目名称 | 计量单位 | 计量规则 | 工程内容 |
| --- | --- | --- | --- | --- |
| Z02020123 | 亮化工程 | $m^2$ | 以桥梁面积计算，桥梁面积为桥梁起止桩号间长度（含台身，不含桥头搭板）乘以桥面结构外边线全宽（含护栏） | 包括桥梁亮化设备、灯具及管线的安装调试等 |
| Z02020124 | 电梯工程 | $m^2$ | 以桥梁面积计算，桥梁面积为桥梁起止桩号间长度（含台身，不含桥头搭板）乘以桥面结构外边线全宽（含护栏） | 包括电梯本体及控制系统安装调试 |
| Z02020125 | 绿化工程 | $m^2$ | 以桥梁面积计算，桥梁面积为桥梁起止桩号间长度（含台身，不含桥头搭板）乘以桥面结构外边线全宽（含护栏） | 包括高架桥梁绿化、本专业涉及的土石方工程等 |

**注：** 1. 人行天桥的桥梁面积包括主桥和梯道面积；

2. 路基换填、搅拌桩或旋喷桩涌土或浮浆部分的土石方工程计入地基处理；

3. 台身包括台帽、耳墙、背墙，墩身包括墩帽。

**表 C. 3. 1–2　涵洞工程（Z020202）**

| 项目编码 | 项目名称 | 计量单位 | 计量规则 | 工程内容 |
| --- | --- | --- | --- | --- |
| Z02020201 | 土石方工程 | m | 以涵洞长度计算 | 包括土石方开挖、淤泥流砂开挖、石方爆破、装卸、运输、回填、余方弃置、渣土消纳处置费等 |
| Z02020202 | 地基处理 | m | 以涵洞长度计算 | 包括提高地基承载力，保证地基稳定而采取的全部工程技术措施内容，如抛石挤淤、深层水泥搅拌桩等 |
| Z02020203 | 围护结构 | m | 以涵洞长度计算 | 包括为保护地下主体结构施工和基坑周边环境的安全，对基坑采用的临时性支挡、加固与保护的工程技术措施，如钢板桩、钻孔灌注桩及止水帷幕等 |
| Z02020204 | 主体结构 | m | 以涵洞长度计算 | 包括圆管涵、现浇箱涵、预制箱涵、浆砌块料箱涵等的洞身及洞口混凝土、钢筋、模板、防腐、接缝、伸缩缝、支架、脚手架等 |
| Z02020205 | 桥面系及附属工程 | m | 以涵洞长度计算 | 包括桥面铺装（含桥面防水层）、桥梁支座、伸缩缝、桥面排水、隔声屏障、锥坡、防撞护栏、人行道及栏杆、搭板等 |

**注：** 路基换填、搅拌桩或旋喷桩涌土或浮浆部分的土石方工程计入地基处理。

表 C. 3. 1–3　桥涵拆除工程（Z020203）

| 项目编码 | 项目名称 | 计量单位 | 计量规则 | 工程内容 |
| --- | --- | --- | --- | --- |
| Z02020301 | 桩基拆除 | 1. $m^2$<br>2. m | 1. 桥梁按面积计算；<br>2. 涵洞按长度计算 | 包括桩基拆除、建渣弃置、渣土消纳处置费等 |
| Z02020302 | 主体结构拆除 | 1. $m^2$<br>2. m | 1. 桥梁按面积计算；<br>2. 涵洞按长度计算 | 包括主体结构、桥面系及附属工程拆除、建渣弃置、渣土消纳处置费等 |

## C. 4　隧道工程（Z0203）

**C. 4. 1**　隧道工程相关的项目编码、项目名称、计量单位、计量规则、工程内容如表 C. 4. 1–1~ 表 C. 4. 1–8 所示。

表 C. 4. 1–1　U 型槽段、明挖暗埋段（Z020301）

| 项目编码 | 项目名称 | 计量单位 | 计量规则 | 工程内容 |
| --- | --- | --- | --- | --- |
| Z02030101 | 土石方工程 | m | 以隧道中心线长度计算，隧道中心线长度为上、下行隧道的平均值，包括主线盾构井长度，不包括匝道长度 | 包括土石方开挖、淤泥流砂开挖、石方爆破、装卸、运输、回填、余方弃置、渣土消纳处置费等 |
| Z02030102 | 地基处理 | m | 以隧道中心线长度计算，隧道中心线长度为上、下行隧道的平均值，包括主线盾构井长度，不包括匝道长度 | 包括提高地基承载力，保证地基稳定而采取的全部工程技术措施内容，如高压水泥旋喷桩、深层水泥搅拌桩等 |
| Z02030103 | 围护工程 | m | 以隧道中心线长度计算，隧道中心线长度为上、下行隧道的平均值，包括主线盾构井长度，不包括匝道长度 | 包括为保护地下主体结构施工和基坑周边环境的安全，对基坑采用的临时性支挡、加固与保护的工程技术措施，如地下连续墙、钻孔灌注桩及止水帷幕等 |
| Z02030104 | 桩基工程 | m | 以隧道中心线长度计算，隧道中心线长度为上、下行隧道的平均值，包括主线盾构井长度，不包括匝道长度 | 包括预制钢筋混凝土桩的桩机竖拆、移位、沉桩、接桩、送桩、桩尖制作与安装、填充、刷防护材料、截桩等；钢管桩的桩机竖拆、移位、沉桩、接桩、送桩、管内取土、填充、刷防护材料、截桩等；灌注桩的钢护筒、成孔、扩孔、固壁、钢筋、声测管、混凝土、运输、灌注、振捣、养护、压浆、凿桩、土石方、泥浆池、泥浆等建渣外运及消纳；桩基平台等 |
| Z02030105 | 主体结构 | m | 以隧道中心线长度计算，隧道中心线长度为上、下行隧道的平均值，包括主线盾构井长度，不包括匝道长度 | 包括混凝土垫层、混凝土、钢筋、模板、支架及脚手架等 |

**续表 C. 4. 1–1**

| 项目编码 | 项目名称 | 计量单位 | 计量规则 | 工程内容 |
|---|---|---|---|---|
| Z02030106 | 防水 | m | 以隧道中心线长度计算，隧道中心线长度为上、下行隧道的平均值，包括主线盾构井长度，不包括匝道长度 | 包括细石混凝土保护层及防水层等 |

**注**：路基换填、搅拌桩或旋喷桩涌土或浮浆部分的土石方工程计入地基处理。

**表 C. 4. 1–2 盾构段（Z020302）**

| 项目编码 | 项目名称 | 计量单位 | 计量规则 | 工程内容 |
|---|---|---|---|---|
| Z02030201 | 盾构掘进及出渣 | m | 以隧道中心线长度计算，隧道中心线长度为上、下行隧道盾构始发井和接收井端墙外边线之间的距离的平均值，不包括匝道长度 | 包括盾构掘进、管片拼装、衬砌壁后压浆、渣土消纳、管片设置密封条、隧道洞口柔性接缝环、管片嵌缝等 |
| Z02030202 | 管片 | m | 以隧道中心线长度计算，隧道中心线长度为上、下行隧道盾构始发井和接收井端墙外边线之间的距离的平均值，不包括匝道长度 | 包括钢筋混凝土管片制作（含钢筋，模具等）或成品外购、钢管片制作或成品外购等 |
| Z02030203 | 现浇钢筋混凝土结构 | m | 以隧道中心线长度计算，隧道中心线长度为上、下行隧道盾构始发井和接收井端墙外边线之间的距离的平均值，不包括匝道长度 | 包括混凝土底板、混凝土柱、混凝土墙、混凝土梁、混凝土平台及顶板、仰拱填充、隧道内其他现浇混凝土结构、现浇构件钢筋、植筋、预埋铁件、模板、支架及脚手架等 |
| Z02030204 | 预制钢筋混凝土结构 | m | 以隧道中心线长度计算，隧道中心线长度为上、下行隧道盾构始发井和接收井端墙外边线之间的距离的平均值，不包括匝道长度 | 包括预制口子型构件、预制混凝土板、预制烟道板、隧道内其他预制混凝土结构、预制构件钢筋、植筋、模板、支架及脚手架等 |
| Z02030205 | 端头加固 | 处 | 以端头数量计算 | 包括保证端头稳定而采取的全部工程技术措施内容，如高压水泥旋喷桩、深层水泥搅拌桩等 |

**续表 C. 4. 1–2**

| 项目编码 | 项目名称 | 计量单位 | 计量规则 | 工程内容 |
| --- | --- | --- | --- | --- |
| Z02030206 | 沿线地基加固 | m | 以隧道中心线长度计算，隧道中心线长度为上、下行隧道盾构始发井和接收井端墙外边线之间的距离的平均值，不包括匝道长度 | 包括提高地基承载力，保证地基稳定而采取的全部工程技术措施内容，如高压水泥旋喷桩、深层水泥搅拌桩等 |

**表 C. 4. 1–3　暗挖段（Z020303）**

| 项目编码 | 项目名称 | 计量单位 | 计量规则 | 工程内容 |
| --- | --- | --- | --- | --- |
| Z02030301 | 洞门及明洞 | 处 | 以隧道洞门数量计算 | 包括洞门及明洞的开挖、修筑、坡面排水及防护等 |
| Z02030302 | 洞身开挖 | m | 以隧道中心线长度计算，隧道中心线长度为上、下行隧道进、出口洞门端墙墙面与路面的交线同路线中线交点间的距离的平均值，不包括匝道长度 | 包括平洞开挖、斜井开挖、竖井开挖、地沟开挖，洞内出渣，余方弃置，渣土消纳处置费等 |
| Z02030303 | 洞身支护 | m | 以隧道中心线长度计算，隧道中心线长度为上、下行隧道进、出口洞门端墙墙面与路面的交线同路线中线交点间的距离的平均值，不包括匝道长度 | 包括喷射混凝土、钢筋网、锚杆、钢拱架（支撑）、小导管、管棚、注浆、套拱混凝土、孔口管、地质超前预报、支架及脚手架等 |
| Z02030304 | 洞身衬砌 | m | 以隧道中心线长度计算，隧道中心线长度为上、下行隧道进、出口洞门端墙墙面与路面的交线同路线中线交点间的距离的平均值，不包括匝道长度 | 包括混凝土衬砌（拱部、边墙、管沟、仰拱）钢筋、模板、支架及脚手架等 |

续表 C. 4. 1–3

| 项目编码 | 项目名称 | 计量单位 | 计量规则 | 工程内容 |
|---|---|---|---|---|
| Z02030305 | 防水与排水 | m | 以隧道中心线长度计算，隧道中心线长度为上、下行隧道进、出口洞门端墙墙面与路面的交线同路线中线交点间的距离的平均值，不包括匝道长度 | 包括防水板、止水带、排水管、拱（墙）背压浆等 |
| Z02030306 | 沿线地基加固 | m | 以隧道中心线长度计算，隧道中心线长度为上、下行隧道进、出口洞门端墙墙面与路面的交线同路线中线交点间的距离的平均值，不包括匝道长度 | 包括提高地基承载力，保证地基稳定而采取的全部工程技术措施内容等 |

表 C. 4. 1–4　顶管段（Z020304）

| 项目编码 | 项目名称 | 计量单位 | 计量规则 | 工程内容 |
|---|---|---|---|---|
| Z02030401 | 顶管顶进及出渣 | m | 以隧道中心线长度计算，隧道中心线长度为上、下行隧道顶管始发井和接收井端墙外边线之间的距离的平均值，不包括匝道长度 | 包括顶管顶进、管节拼装、渣土消纳、管节设置密封条、隧道洞口柔性接缝环、管节嵌缝等 |
| Z02030402 | 管节 | m | 以隧道中心线长度计算，隧道中心线长度为上、下行隧道顶管始发井和接收井端墙外边线之间的距离的平均值，不包括匝道长度 | 包括钢筋混凝土管节制作（含钢筋，模具等）或成品外购、钢管节制作或成品外购等 |
| Z02030403 | 现浇钢筋混凝土结构 | m | 以隧道中心线长度计算，隧道中心线长度为上、下行隧道顶管始发井和接收井端墙外边线之间的距离的平均值，不包括匝道长度 | 包括混凝土底板、混凝土柱、混凝土墙、混凝土梁、混凝土平台及顶板、仰拱填充、隧道内其他现浇混凝土结构、现浇构件钢筋、植筋、预埋铁件、模板、支架及脚手架等 |

续表 C. 4. 1–4

| 项目编码 | 项目名称 | 计量单位 | 计量规则 | 工程内容 |
| --- | --- | --- | --- | --- |
| Z02030404 | 预制钢筋混凝土结构 | m | 以隧道中心线长度计算，隧道中心线长度为上、下行隧道顶管始发井和接收井端墙外边线之间的距离的平均值，不包括匝道长度 | 包括预制口子型构件、预制混凝土板、预制烟道板、隧道内其他预制混凝土结构、预制构件钢筋、植筋、模板、支架及脚手架等 |
| Z02030405 | 端头加固 | 处 | 以端头数量计算 | 包括保证端头稳定而采取的全部工程技术措施内容，如高压水泥旋喷桩、深层水泥搅拌桩等 |
| Z02030406 | 沿线地基加固 | m | 以隧道中心线长度计算，隧道中心线长度为上、下行隧道顶管始发井和接收井端墙外边线之间的距离的平均值，不包括匝道长度 | 包括提高地基承载力，保证地基稳定而采取的全部工程技术措施内容，如高压水泥旋喷桩、深层水泥搅拌桩等 |

表 C. 4. 1–5 装饰工程（Z020305）

| 项目编码 | 项目名称 | 计量单位 | 计量规则 | 工程内容 |
| --- | --- | --- | --- | --- |
| Z02030501 | 洞口装饰 | 处 | 以洞口数量计算 | |
| Z02030502 | 洞内装饰 | m | 以隧道中心线长度计算，隧道中心线长度为上、下行隧道的平均值 | 包括隧道墙面、天棚、防撞侧石、配电房及雨污水泵房等洞内建筑装饰、防火门、卷帘门、逃生装置、施工平台、脚手架等 |

表 C. 4. 1–6 路面工程（Z020306）

| 项目编码 | 项目名称 | 计量单位 | 计量规则 | 工程内容 |
| --- | --- | --- | --- | --- |
| Z02030601 | 隧道路面铺装 | m | 以隧道中心线长度计算，隧道中心线长度为上、下行隧道的平均值 | 包括路面水泥混凝土、钢筋网片、封层、粘层、沥青混凝土、块料面层、弹性面层、路面排水沟、防撞侧石、人行道下电缆沟、隧道内其他路面结构混凝土、现浇构件钢筋、模板、排（泄）水管、横截沟箅子等 |
| Z02030602 | 隧道内交通附属设施 | m | 以隧道中心线长度计算，隧道中心线长度为上、下行隧道的平均值 | 包括隧道内标线、标识标牌、护栏等 |

**表 C. 4. 1–7　工作井、横通道、风道及风井（Z020307）**

| 项目编码 | 项目名称 | 计量单位 | 计量规则 | 工程内容 |
|---|---|---|---|---|
| Z02030701 | 盾构工作井 | 座 | 以工作井数量计算 | 包括盾构工作井的土方开挖、地基处理、围护工程、桩基工程、主体结构及防水、支架、脚手架及其他零星工程等 |
| Z02030702 | 顶管工作井 | 座 | 以工作井数量计算 | 包括顶管工作井的土方开挖、地基处理、围护工程、桩基工程、主体结构及防水、支架、脚手架及其他零星工程等 |
| Z02030703 | 横通道 | 座 | 以通道数量计算 | 包括洞身开挖、洞身支护、洞身衬砌、防水与排水、冷冻法工艺等 |
| Z02030704 | 风道及风井 | 座 | 以风井数量计算 | 包括土方开挖、地基处理、围护工程、桩基工程、主体结构及防水、支架、脚手架及其他零星工程等；洞身开挖、洞身支护、洞身衬砌、防水与排水等 |

**表 C. 4. 1–8　机电工程（Z020308）**

| 项目编码 | 项目名称 | 计量单位 | 计量规则 | 工程内容 |
|---|---|---|---|---|
| Z02030801 | 供电及照明系统 | m | 以隧道中心线长度计算，隧道中心线长度为上、下行隧道的平均值 | 包括设备、管线及附件、防雷接地、调试等 |
| Z02030802 | 通风系统 | m | 以隧道中心线长度计算，隧道中心线长度为上、下行隧道的平均值 | 包括设备、管道、阀门及附件等 |
| Z02030803 | 消防系统 | m | 以隧道中心线长度计算，隧道中心线长度为上、下行隧道的平均值 | 包括设备、管道、阀门及附件等 |
| Z02030804 | 给排水系统 | m | 以隧道中心线长度计算，隧道中心线长度为上、下行隧道的平均值 | 包括设备、管道、阀门及附件等 |
| Z02030805 | 综合监控系统 | m | 以隧道中心线长度计算，隧道中心线长度为上、下行隧道的平均值 | 包括设备、管线及附件、防雷接地、调试等 |
| Z02030806 | 支吊架系统 | m | 以隧道中心线长度计算，隧道中心线长度为上、下行隧道的平均值 | 包括支吊架及附件的制作安装等 |
| Z02030807 | 电梯工程 | m | 以隧道中心线长度计算，隧道中心线长度为上、下行隧道的平均值 | 包括电梯本体及控制系统安装调试 |

注：相关套管、凿槽、打洞（孔）、防锈刷漆、绝热均应考虑在各相应清单中，不单独列项。

## C.5 综合管廊工程（Z0204）

**C.5.1** 综合管廊工程的项目编码、项目名称、计量单位、计量规则、工程内容如表C.5.1–1~表C.5.1–5所示。

**表C.5.1–1 明挖段（Z020401）**

| 项目编码 | 项目名称 | 计量单位 | 计量规则 | 工程内容 |
| --- | --- | --- | --- | --- |
| Z02040101 | 土石方工程 | m | 以管廊中心线长度计算，包括顶管井长度 | 包括土石方开挖、淤泥流砂开挖、石方爆破、装卸、运输、回填、余方弃置、渣土消纳处置费等 |
| Z02040102 | 地基处理 | m | 以管廊中心线长度计算，包括顶管井长度 | 包括提高地基承载力，保证地基稳定而采取的全部工程技术措施内容，如高压水泥旋喷桩、深层水泥搅拌桩等 |
| Z02040103 | 围护工程 | m | 以管廊中心线长度计算，包括顶管井长度 | 包括为保护地下主体结构施工和基坑周边环境的安全，对基坑采用的临时性支挡、加固与保护的工程技术措施，如地下连续墙、钻孔灌注桩及止水帷幕等 |
| Z02040104 | 桩基工程 | m | 以管廊中心线长度计算，包括顶管井长度 | 包括预制钢筋混凝土桩的桩机竖拆、移位、沉桩、接桩、送桩、桩尖制作与安装、填充、刷防护材料、截桩等；钢管桩的桩机竖拆、移位、沉桩、接桩、送桩、管内取土、填充、刷防护材料、截桩等；灌注桩的钢护筒、成孔、扩孔、固壁、钢筋、声测管、混凝土、运输、灌注、振捣、养护、压浆、凿桩、土石方、泥浆池、泥浆等建渣外运及消纳；桩基平台等 |
| Z02040105 | 主体结构 | m | 以管廊中心线长度计算，包括顶管井长度 | 包括混凝土、钢筋、模板、支架及脚手架等 |
| Z02040106 | 防水 | m | 以管廊中心线长度计算，包括顶管井长度 | 包括混凝土垫层、细石混凝土保护层及防水层 |

**注：**路基换填、搅拌桩或旋喷桩涌土或浮浆部分的土石方工程计入地基处理。

**表C.5.1–2 顶管段（Z020402）**

| 项目编码 | 项目名称 | 计量单位 | 计量规则 | 工程内容 |
| --- | --- | --- | --- | --- |
| Z02040201 | 顶管顶进及出渣 | m | 以管廊中心线长度计算，管廊中心线长度为管廊顶管始发井和接收井端墙外边线之间的距离 | 包括顶管顶进、管节拼装、渣土消纳、管节设置密封条、隧道洞口柔性接缝环、管节嵌缝等 |
| Z02040202 | 管节 | m | 以管廊中心线长度计算，管廊中心线长度为管廊顶管始发井和接收井端墙外边线之间的距离 | 包括钢筋混凝土管节制作（含钢筋，模具等）或成品外购、钢管节制作或成品外购等 |

**续表 C. 5. 1–2**

| 项目编码 | 项目名称 | 计量单位 | 计量规则 | 工程内容 |
|---|---|---|---|---|
| Z02040203 | 现浇钢筋混凝土结构 | m | 以管廊中心线长度计算，管廊中心线长度为管廊顶管始发井和接收井端墙外边线之间的距离 | 包括混凝土底板、混凝土柱、混凝土墙、混凝土梁、混凝土平台及顶板、仰拱填充、隧道内其他现浇混凝土结构、现浇构件钢筋、植筋、预埋铁件、模板、支架及脚手架等 |
| Z02040204 | 预制钢筋混凝土结构 | m | 以管廊中心线长度计算，管廊中心线长度为管廊顶管始发井和接收井端墙外边线之间的距离 | 包括预制口子型构件、预制混凝土板、预制烟道板、隧道内其他预制混凝土结构、预制构件钢筋、植筋、模板、支架及脚手架等 |
| Z02040205 | 端头加固 | 处 | 以端头数量计算 | 包括保证端头稳定而采取的全部工程技术措施内容，如高压水泥旋喷桩、深层水泥搅拌桩等 |
| Z02040206 | 沿线地基加固 | m | 以管廊中心线长度计算，管廊中心线长度为管廊顶管始发井和接收井端墙外边线之间的距离 | 包括提高地基承载力，保证地基稳定而采取的全部工程技术措施内容，如高压水泥旋喷桩、深层水泥搅拌桩等 |

**表 C. 5. 1–3　装饰工程（Z020403）**

| 项目编码 | 项目名称 | 计量单位 | 计量规则 | 工程内容 |
|---|---|---|---|---|
| Z02040301 | 节点装饰 | 处 | 以节点数量计算 | 包括出入口、排风口、逃生口等节点的装饰等 |
| Z02040302 | 洞内装饰 | m | 以管廊中心线长度计算 | 包括管廊地面、墙面、天棚、配电房及雨污水泵房等洞内建筑装饰、防火门、逃生装置、施工平台、脚手架等 |

**表 C. 5. 1–4　工作井（Z020404）**

| 项目编码 | 项目名称 | 计量单位 | 计量规则 | 工程内容 |
|---|---|---|---|---|
| Z02040401 | 顶管工作井 | 座 | 以工作井数量计算 | 包括顶管工作井的土方开挖、地基处理、围护工程、桩基工程、主体结构及防水、支架、脚手架及其他零星工程等 |

**表 C. 5. 1–5　机电工程（Z020405）**

| 项目编码 | 项目名称 | 计量单位 | 计量规则 | 工程内容 |
|---|---|---|---|---|
| Z02040501 | 供电及照明系统 | m | 以管廊中心线长度计算 | 包括设备、管线及附件、防雷接地、调试等 |
| Z02040502 | 通风系统 | m | 以管廊中心线长度计算 | 包括设备、管道、阀门及附件等 |

续表 C. 5. 1–5

| 项目编码 | 项目名称 | 计量单位 | 计量规则 | 工程内容 |
|---|---|---|---|---|
| Z02040503 | 消防系统 | m | 以管廊中心线长度计算 | 包括设备、管道、阀门及附件等 |
| Z02040504 | 给排水系统 | m | 以管廊中心线长度计算 | 包括设备、管道、阀门及附件等 |
| Z02040505 | 监控与报警系统 | m | 以管廊中心线长度计算 | 包括设备、管线及附件、防雷接地、调试等 |
| Z02040506 | 支吊架系统 | m | 以管廊中心线长度计算 | 包括支吊架及附件的制作与安装等 |
| Z02040507 | 电梯工程 | m | 以管廊中心线长度计算 | 包括电梯本体及控制系统安装调试 |
| Z02040508 | 标识系统 | m | 以管廊中心线长度计算 | 包括标识、标牌、标杆等 |

## C. 6 管网工程（Z0205）

**C. 6. 1** 管网工程的项目编码、项目名称、计量单位、计量规则、工程内容如表 C. 6. 1 所示。

表 C. 6. 1 管网工程（Z020501）

| 项目编码 | 项目名称 | 计量单位 | 计量规则 | 工程内容 |
|---|---|---|---|---|
| Z02050101 | 开槽埋管及附件安装 | 1. m<br>2. $m^2$ | 1. 管网以管道起始至终点桩号里程长度之和计算；<br>2. 景观管网以绿化景观面积计算 | 包括土石方工程、地基处理、支护结构、垫层、基础、包封、支架支墩、管道、管件、阀门及附件、检查井、雨水口、出水口、阀门井、标志桩、标牌、管道阴极保护、渣土消纳等 |
| Z02050102 | 水平定向钻牵引管及附件安装 | 1. m<br>2. $m^2$ | 1. 管网以管道起始至终点桩号里程长度之和计算；<br>2. 景观管网以绿化景观面积计算 | 包括水平导向钻进、地基处理、管道、管件、阀门及附件、检查井、雨水口、出水口、阀门井、标志桩、标牌、管道阴极保护、渣土消纳等 |
| Z02050103 | 顶管及附件安装 | 1. m<br>2. $m^2$ | 1. 管网以管道起始至终点桩号里程长度之和计算；<br>2. 景观管网以绿化景观面积计算 | 包括顶管、地基处理、管道、管件、阀门及附件、检查井、雨水口、出水口、阀门井、标志桩、标牌、管道阴极保护、渣土消纳等 |
| Z02050104 | 倒虹管及附件安装 | 1. m<br>2. $m^2$ | 1. 管网以管道起始至终点桩号里程长度之和计算；<br>2. 景观管网以绿化景观面积计算 | 包括土石方工程、地基处理、支护结构、垫层、基础、包封、支架支墩、管道、管件、阀门及附件、检查井、雨水口、出水口、阀门井、标志桩、标牌、管道阴极保护、渣土消纳等 |

续表 C. 6. 1

| 项目编码 | 项目名称 | 计量单位 | 计量规则 | 工程内容 |
| --- | --- | --- | --- | --- |
| Z02050105 | 架空管及附件安装 | 1. m<br>2. $m^2$ | 1. 管网以管道起始至终点桩号里程长度之和计算；<br>2. 景观管网以绿化景观面积计算 | 包括管道架空跨越、管道架空基础、管桥支墩及基础、管道、管件、阀门及附件、标志桩、标牌、管道阴极保护、渣土消纳等 |
| Z02050106 | 工作井 | 座 | 按图示数量计算 | 包括土石方工程、地基处理、支护结构、垫层、结构混凝土、结构砌体、钢筋、模板、支架、脚手架及其他零星工程等 |
| Z02050107 | 隔油池 | 座 | 按图示数量计算 | 包括土石方工程、地基处理、支护结构、垫层、结构混凝土、结构砌体、钢筋、模板、支架、脚手架及其他零星工程等 |
| Z02050108 | 化粪池 | 座 | 按图示数量计算 | 包括土石方工程、地基处理、支护结构、垫层、结构混凝土、结构砌体、钢筋、模板、支架、脚手架及其他零星工程等 |

注：可根据初步设计深度的不同，按不同管道材质、规格分别列项。

## C. 7 河道护岸工程（Z0206）

**C. 7. 1** 河道护岸工程的项目编码、项目名称、计量单位、计量规则、工程内容如表 C. 7. 1 所示。

表 C. 7. 1 河道护岸工程（Z020601）

| 项目编码 | 项目名称 | 计量单位 | 计量规则 | 工程内容 |
| --- | --- | --- | --- | --- |
| Z02060101 | 土石方工程 | m | 以河道堤防或护岸长度计算 | 包括土石方开挖、淤泥流砂开挖、石方爆破、装卸、运输、回填、余方弃置、渣土消纳处置费等 |
| Z02060102 | 清淤工程 | m | 以河道堤防或护岸长度计算 | 包括河道水冲法清淤、淤泥的开挖、弃置、渣土消纳处置费等 |
| Z02060103 | 地基处理 | m | 以河道堤防或护岸长度计算 | 包括提高地基承载力，保证地基稳定而采取的全部工程技术措施内容，如抛石挤淤、深层水泥搅拌桩等 |
| Z02060104 | 护坡护岸 | m | 以河道堤防或护岸长度计算 | 包括土石方工程、垫层、骨架、块料砌筑、土工合成材料、草皮铺设、草籽撒播、养护、脚手架、栏杆等 |
| Z02060105 | 挡墙 | m | 以河道堤防或护岸长度计算 | 包括土石方工程、垫层、基础、挡墙主体结构浇筑、砌筑、钢筋、模板、支架及脚手架等 |

注：路基换填、搅拌桩或旋喷桩涌土或浮浆部分的土石方工程计入地基处理。

## C. 8 水处理构筑物（Z0207）

**C. 8. 1** 水处理构筑物的项目编码、项目名称、计量单位、计量规则、工程内容如表 C. 8. 1–1~ 表 C. 8. 1–3 所示。

表 C. 8. 1–1　构筑物土建（Z020701）

| 项目编码 | 项目名称 | 计量单位 | 计量规则 | 工程内容 |
|---|---|---|---|---|
| Z02070101 | 土石方工程 | 万 $m^3$/d | 以处理或供水规模计算 | 包括土石方开挖、淤泥流砂开挖、石方爆破、装卸、运输、回填、余方弃置、渣土消纳处置费等 |
| Z02070102 | 地基处理 | 万 $m^3$/d | 以处理或供水规模计算 | 包括提高地基承载力，保证地基稳定而采取的全部工程技术措施内容，如抛石挤淤、深层水泥搅拌桩等 |
| Z02070103 | 围护工程 | 万 $m^3$/d | 以处理或供水规模计算 | 包括为保护地下主体结构施工和基坑周边环境的安全，对基坑采用的临时性支挡、加固与保护的工程技术措施，如钢板桩、钻孔灌注桩及止水帷幕等 |
| Z02070104 | 桩基工程 | 万 $m^3$/d | 以处理或供水规模计算 | 包括预制钢筋混凝土桩的桩机竖拆、移位、沉桩、接桩、送桩、桩尖制作与安装、填充、刷防护材料、截桩等；钢管桩的桩机竖拆、移位、沉桩、接桩、送桩、管内取土、填充、刷防护材料、截桩等；灌注桩的钢护筒、成孔、扩孔、固壁、钢筋、声测管、混凝土、运输、灌注、振捣、养护、压浆、凿桩、土石方、泥浆池、泥浆等建渣外运及消纳；桩基平台等 |
| Z02070105 | 混凝土结构工程 | 万 $m^3$/d | 以处理或供水规模计算 | 包括现浇混凝土结构浇筑、预制混凝土结构拼装、钢筋、模板、结构砌筑、钢平台及走道、防水及防腐、装饰、支架及脚手架等 |

注：路基换填、搅拌桩或旋喷桩涌土或浮浆部分的土石方工程计入地基处理。

表 C. 8. 1–2　设备、管道及附件（Z020702）

| 项目编码 | 项目名称 | 计量单位 | 计量规则 | 工程内容 |
|---|---|---|---|---|
| Z02070201 | 设备 | 万 $m^3$/d | 以处理或供水规模计算 | 包括水处理设备、机械设备、滤料铺设、尼龙网板，以及成套设备配套的管道附件及安装 |
| Z02070202 | 工艺管道及附件安装 | 万 $m^3$/d | 以处理或供水规模计算 | 包括构筑物内工艺管道铺设、管件阀门及附件安装、支架制作及安装 |

表 C. 8. 1–3　室外工程（Z020703）

| 项目编码 | 项目名称 | 计量单位 | 计量规则 | 工程内容 |
|---|---|---|---|---|
| Z02070301 | 土石方工程 | 万 $m^3$/d | 以处理或供水规模计算 | 包括土石方开挖、淤泥流砂开挖、石方爆破、装卸、运输、回填、余方弃置、渣土消纳处置费等 |
| Z02070302 | 地基处理 | 万 $m^3$/d | 以处理或供水规模计算 | 包括提高地基承载力，保证地基稳定而采取的全部工程技术措施内容，如抛石挤淤、深层水泥搅拌桩等 |
| Z02070303 | 防护工程 | 万 $m^3$/d | 以处理或供水规模计算 | 包括边坡防护、排水沟、截水沟、消能池、反压护道等 |
| Z02070304 | 道路工程 | 万 $m^3$/d | 以处理或供水规模计算 | 包括道路路基、基层、面层、侧平石等 |

续表 C. 8. 1–3

| 项目编码 | 项目名称 | 计量单位 | 计量规则 | 工程内容 |
|---|---|---|---|---|
| Z02070305 | 非工艺管网工程 | 万 $m^3/d$ | 以处理或供水规模计算 | 包括室外雨水、污水、给水、电力等非工艺管网 |
| Z02070306 | 工艺管网工程 | 万 $m^3/d$ | 以处理或供水规模计算 | 包括室外工艺管网等 |
| Z02070307 | 电气系统 | 万 $m^3/d$ | 以处理或供水规模计算 | 包括变配电系统、电气动力系统及室外照明系统等 |
| Z02070308 | 自控系统 | 万 $m^3/d$ | 以处理或供水规模计算 | 包括计算机监控系统、安全防范系统及自动化仪表系统等 |
| Z02070309 | 景观绿化工程 | 万 $m^3/d$ | 以处理或供水规模计算 | 包括绿化、景观等 |
| Z02070310 | 大门及围墙 | 万 $m^3/d$ | 以处理或供水规模计算 | 包括大门、围墙等 |

**注：** 1. 路基换填、搅拌桩或旋喷桩涌土或浮浆部分的土石方工程计入地基处理；
2. 防护工程中的边坡防护应包括植草护坡、实体护坡、挂网（喷锚）护坡等。

## C. 9 施工技术措施（Z0208）

**C. 9. 1** 施工技术措施的项目编码、项目名称、计量单位、计量规则、工程内容如表 C. 9. 1 所示。

表 C. 9. 1 施工技术措施（Z020801）

| 项目编码 | 项目名称 | 计量单位 | 计量规则 | 工程内容 |
|---|---|---|---|---|
| Z02080101 | 施工降排水 | 项 | 按项计算 | 包括成井、排水、降水等 |
| Z02080102 | 围堰 | 项 | 按项计算 | 包括钢板桩打拔，土石方堆筑、填心、夯实、拆除及外运等 |
| Z02080103 | 筑岛 | 项 | 按项计算 | 包括堆筑、填心、夯实、拆除及外运等 |
| Z02080104 | 交通协管 | 项 | 按项计算 | 包括交通协管等 |
| Z02080105 | 便道、便桥 | 项 | 按项计算 | 包括用于施工的重载道路、便桥等 |
| Z02080106 | 钢平台 | 项 | 按项计算 | 包括制作、安装等 |
| Z02080107 | 洞内临时设施 | 项 | 按项计算 | 包括通风、供水、供电及照明、通信、轨道等 |
| Z02080108 | 非夜间照明 | 项 | 按项计算 | 包括供电及照明等 |
| Z02080109 | 大型机械进出场、转场及安拆 | 项 | 按项计算 | 包括大型机械进出场、转场、安拆等 |

续表 C.9.1

| 项目编码 | 项目名称 | 计量单位 | 计量规则 | 工程内容 |
|---|---|---|---|---|
| Z02080110 | 盾构、顶管设备及后配套进出场、转场及安拆 | 项 | 按项计算 | 包括盾构、顶管设备及后配套进出场、转场、安拆等 |
| Z02080111 | 施工监测 | 项 | 按项计算 | 包括施工单位自行实施的施工监测等 |
| Z02080112 | 施工围挡 | 项 | 按项计算 | 包括施工围挡基础、挡板、标化提升等 |
| Z02080113 | 管线保护 | 项 | 按项计算 | 包括为保护管线而采取的全部工程技术措施内容等 |
| Z02080114 | 临时河道导改 | 项 | 按项计算 | 包括土石方工程、围堰工程、圬工结构物等 |
| Z02080115 | 一般建筑物加固保护 | 项 | 按项计算 | 包括为一般建筑物加固保护而采取的全部工程技术措施内容等 |